쉽게 읽는 공공디자인 북시리즈 01

공공디자인 펀더멘털

최인규 지음

공공디자인 펀더멘털(The Fundamental of Public Design)이란 상징, 서체, 색채, 공간문법, 건축양식 등과 같이 도시디자인의 정체성과 문화성을 구현하기 위한 공공디자인기반을 말한다.

최인규 崔仁圭

서울대학교 산업디자인과를 졸업하였으며 동대학원에서 석사과정을 마치고 박사과정을 진행하고 있다. 인제대학교 디자인학부 교수로 재직하고 있으며 한국공공디자인학회 학술분과 상임이사로 활동하고 있다.

서울대, 연세대, 고려대, 성신여대 등에서 강의하였으며 현재는 서울특별시청 디자인서울총괄본부 디자인지원실장으로 공공디자인 실무를 진행하고 있다. 서울상징, 서울색, 서울서체, 디자인서울 가이드라인 실무에 참여하였다. 서울디자인올림픽 2008에서는 서울디자인비전관을 기획하였으며, 공공디자인 이론서인 [역사로 보는 도시문화디자인] 등의 저서를 가지고 있다. 서울의 중세 및 근현대 공간을 탐방하고 있으며 공공디자인, 도시디자인, 공간디자인 학제에서 새로운 교수프로그램과 교수방법에 관심을 가지고 있다.

쉽게 읽는 공공디자인 북시리즈 01

공공디자인 펀더멘털

최인규 지음

머리말

모든 일에는 기초가 중요하다. 뿌리가 깊은 나무와 기초가 튼튼한 집은 쉽게 쓰러지지 않는다. 디자인도 기초가 튼튼해야 오래가는 것이다. 디자인을 오래하면 할수록 준비과정의 중요성을 깨닫게 된다. 우리말 속담에 바늘허리에 꿰어 못쓴다는 말이 있다. 아무리 급하더라도 정도를 지켜야 한다는 의미이다. 디자인도 정도를 걷기 위해서는 많은 준비와 규칙을 가져야 한다.

[공공디자인 펀더멘털]이라는 책을 쓰면서 디자인기초에 대한 생각을 하게 되었다. 무엇이 디자인의 기초이며 무엇이 근간을 이루는 것인가? 어쩌면 상징, 색채, 서체, 공간, 인터랙션 등이 디자인의 단순요소가 아닌가라는 생각도 접을 수 없다. 그러나 글을 정리하고 사진을 모아 나가면서 몇 가지 사실에 확신을 갖게 되었다. 먼저 도시디자인과 공공디자인 분야에서는 디자인 기초준비작업을 통하여 일관된 디자인을 할 수 있다는 점이다. 도시는 복잡하면서도 설명 못할 부분이 있지만, 일반적인 도시디자인 만큼은 원칙과 규칙에 충실하여야 한다는 점이다. 또한 도시를 알아야 디자인을 할 수 있다는 점이다. 디자이너는 많은 클라이언트를 만난다. 그리고 클라이언트 마음을 알아내야 한다. 이를 통하여 컨셉을 잡고 전략을 구축한다. 공공디자인도 도시에 대한 이해를 바탕으로 디자인이 시작된다.

원고를 모우고 사진을 모우는 작업은 즐거운 일이다. 지적 호기심을 바탕으로 무엇을 완성한다는 것은 자신을 성숙시키는 과정이다. 이 책을 쓰기 위해 경험하였던 공공디자인 프로젝트를 이 책을 통하여 정리할 수 있는 기회를 갖게 되었다. 공공디자인 실무를 하면서 각종의 디자인 서적을 찾는 작업을 통해 좀더 내가 하는 일을 명확하게 정리할 수 있었다.

책을 쓴다는 것은 매우 외로운 작업이다. 오랜 시간을 컴퓨터와 씨름하였으며, 혼자서 밤을 지새우는 일이 예사였다. 그러나 그 시간은 내게는 다시 경험할 수 없는 좋은 시간이었다. 머리 속에서 하나의 프로젝트를 구상하고 그것을 다른 프로젝트와 연결하고, 도시를 완성해 나가는 것은 마치 꿈을 꾸는 것 같았다. 도시디자인과 공공디자인은 꿈이며 내일 길에서 마주하게 될 현실이기도 하다. 내일의 도시를 위해서 오늘도 나는 꿈을 꾸는 것이다. 도시는 내일 아침 변화를 맞이하게 된다.

나는 이 책을 쓰면서 많은 사람들에게 도움을 받았으며, 귀중한 가르침도

받았다. 우선 나는 이글을 마치면서 가족에게 감사를 드립니다. 아내 혜원은 많은 시간을 이 책에게 남편을 빼앗겼으며, 내가 디자인지원실을 지켰던 것처럼 집을 묵묵히 지켰다. 아들 현진은 아버지의 얼굴을 밤에만 보는 어려움을 겪었다. 대화를 많이 못했고, 여행도 쉽게 가지 못했다. 딸 서진은 엄마와 함께 시청으로 아빠를 데리러 오는 시간이 많았으며, 즐겁게 산책하는 시간도 부족하였다.

공공디자인 북시리즈를 쓰면서 이러한 내용을 정리할 수 있게 도와주신 많은 분들에게 감사드립니다. 먼저 디자인서울총괄본부 본부장으로 계시고 석사과정 지도교수였던 권영걸 선생님께 감사드립니다. 항상 날카롭고 유머스러운 조언으로 한 단계 높은 학문을 길을 걷게 해주심을 감사드립니다. 학문적 체계가 분명하시고 세상을 보는 관점의 독특함은 제게 큰 힘이 되었습니다.

제가 서울특별시청 디자인서울총괄본부에서 근무하면서 많은 지도를 해주신 김순직 부본부장님, 이경돈 기획관님, 윤혁경 과장님, 한병용 과장님, 국승렬 팀장님, 홍성덕 팀장님, 장영호 팀장님, 이명기 팀장님께 감사드립니다. 디자인지원실에서 같이 근무하는 이희옥 주임, 최은림 주임, 양홍모 주임, 황상미 주임, 권은선 주임, 박정화 주임님께 감사드립니다. 모두 저에게 많은 도움이 되었습니다. 이들은 모두 공공디자인의 선각자이며 모험가입니다. 서울을 디자인으로 변화시키기 위한 특공대원과 같은 분들입니다. 다시 한번 고개 숙여 감사드립니다.

또한 서울상징 프로젝트를 진행하신 서울대 박영목 선생님, 서울색 프로젝트를 진행하신 김현선 박사님, 서울서체 개발에 애쓴 윤디자인에게 감사드립니다. 제가 공공디자인의 학문적 영역을 확장하는데 큰 도움이 되었습니다. 마지막으로 어려운 출판환경에도 불구하고 이 책을 출판할 수 있도록 기꺼이 도와주신 시공문화사 김기현 사장님께 진심으로 감사드립니다.

이른 새벽 서울시청별관
디자인지원실에서 이글을 씁니다.
2008. 10.

목차

N
North Pavilion
Upper Level
공공디자인 펀더멘털
The Fundamental of Public Design

프롤로그 : 공공디자인과 도시디자인

공공디자인은 이시대의 화두이다. 지금까지 산업디자인을 중심으로 발전하였던 디자인분야는 공공디자인이라는 새로운 분야를 맞이하게 되었다. 공공디자인은 상업성과 생산성, 마케팅에서의 우위를 점하기 위한 시장에서의 조건들을 위주로 하는 상업디자인과는 대별되는 개념이다. 공공디자인은 불특정 다수를 대상으로 하며, 누구든지 사용할 수 있으며, 만인을 위한 디자인이어야 한다. 모두를 위한 디자인개념으로 유니버설디자인이 출현하였지만 공공디자인은 기본적으로 유니버설디자인 개념을 기초로 하고 있다.

공공디자인은 상업디자인과는 다른 여러 특성을 가지고 있다. 먼저 모두를 위한 디자인이다. 사용하는 사람을 제한하지 않고 폭넓게 디자인하는 것이 좋은 공공디자인의 조건이다. 유니버설디자인의 개념이 더욱 확장된 개념이다. 둘째, 도시환경과의 조화를 통하여 디자인이 완성된다. 기본적으로 공공디자인은 단품으로 소비되지 않는다. 도시공간을 통하여 디자인이 소비되는 것이다. 최근 디자인의 개념 중에서 설치(installation)가 중요하다. 그 디자인이 어디에 놓여지느냐에 따라서 디자인의 조건이 형성된다. 도시의 구조적인 이해를 중심으로 디자인조건을 형성하고 해결책을 마련하는 것이 중요하다. 셋째, 공공디자인은 도시정체성과 이미지에 관여한다. 공공에서 수행하는 모든 행위, 처리방식, 표현되는 조형언어 등은 그 공공기관의 성격과 조직문화를 간접적으로 보여준다. 우리가 길거리에서 만나는 모든 시설물은 그 도시의 이미지를 형성하는데 영향을 준다. 마지막으로 공공디자인은 공공성(公共性)을 기반으로 하고 있다. 앞의 내용을 모두 수용하는 내용이기도 한다.

디자인에는 기본적인 구성요소가 있다. 의미, 형태, 색채 등과 같은 요소를 통하여 우리는 디자인을 실현한다. 도시디자인도 마찬가지이다. 도시는 좀더 복잡한 유기체와 같다. 그 디자인을 이루는 기저에는 상징, 색채, 서체, 건축양식, 공간 등의 기본요소들이 있다.

한 도시의 상징이란 단순히 어떠한 물리적 실체만을 이야기 하지 않는다. 도시는 신화, 전설, 설화 등과 같은 이야기를 가지고 있으며, 건축물, 예술품과 같은 모뉴멘트가 있으며, 그 도시만의 상징의 체계를 가지고 있다. 이러한 체계는 물리적 실체와 정신적인 요소들 간의 연결점을 만들고 있으며 잘 짜여진 도시이야기는 매력적인 도시 상징물로 구현된다. 도시는 역사적으로 획득된 것과 현시대의 문화적, 기술적 발전에 의해 이루어진 것들이 원칙을 통하여 상징이 재생산되는 구조를 갖는다.

도시는 고유의 색채를 가지고 있다. 자연환경, 인공환경, 인문환경으로부터 색채를 추출해보면 그 도시의 색채구성을 분석할 수 있다. 기본적으로 자연은 가장 중요한 색채의 근원이다. 색은 빛으로부터 만들어지며, 자연환경색은 인간에게 가장 큰 영향을 준다. 프랑스의 색채학자 필립 랑크로는 자연을 이루고 있는 토양, 수목, 하늘, 물의 색채가 중요하며 이러한 자연의 색이 인공물에 영향을 미친다고 하였다. 도시의 기조색채는 자연이 만들며 이와 어울리는 도시 시가지색채는 인간이 만드는 것이다. 자연과 인공의 조화야 말로 그 도시가 개성있고 조화로운 색채를 구성하는 기본이다. 도시의 색채가 정립되면 그러한 색채는 아름다운 도시경관을 구현하기 위한 색채, 서울의 상징으로서의 색채, 서울 어린이를 교육하기 위한 색채 등 색채는 모든 도시디자인 요소에 존재하며, 도시민들에게 직접적으로 영향을 준다.

도시가 복잡해지면서 도시는 다양한 커뮤니케이션 방법을 개발하여 왔다. 그 중 가장 근본적인 것이 문자를 통하여 도시와 도시, 도시와 시민, 시민과 시민이 소통하는 것이다. 거리의 안내사인, 지도, 현판 등 다양한 부분에 서체가 사용되고 있으며, 이들은 도시의 이미지를 구축하는데도 큰 역할을 하고 있다. 읽기 쉽고 이해하기 쉬운 도시를 만들기 위해서는 그 도시만의 고유한 서체가 정립되어 있어야 한다. 도시가 고유의 서체를 갖기 위해서는 역사적, 문화적, 사회적 합의를 도출할 수 있어야 한다. 서체는 문화의 꽃이며 가장 지적인 영역이기도 하다. 우리나라는 전통적으로 아름다운 서체문화를 가지고 있다. 오래전부터 중국의 문자를 쓰기도 하였지만 조선 세종 때에는 한글을 창제 반포하여 새로운 문자문화가 시작되었다. 또한 인쇄술과 인쇄문화의 발달로 다양한 서체가 개발되었다. 그 중에서도 갑인자는 지속적으로 보완되어 지금까지도 아름다운 서체로 전하고 있다.

어느 도시건 기본적으로 디자인의 기초가 형성되어 있다. 이것이 성문화되어 있는 도시도 있고 불문화 되어 있는 도시도 있다. 문제는 형식보다 그 도시에 이러한 디자인 기초가 올바르게 적용되어 있느냐가 문제이다.

현재 존재하고 있는 많은 도시들은 근대를 통하여 형성되었다. 런던, 파리, 서울 등 많은 도시들이 근대화 과정을 거치면서 도시가 확장되고 전통적인 부분이 손상되었다. 20세기에 있었던 많은 전쟁과 양차 세계대전은 도시를 새롭게 구성하는 계기가 되기도 하였다. 이러한 과정에서 선진도시들은 디자인에 대한 노력으로 지금과 같은 아름다운 도시를 구성하고 있는 것이다.

도시 또는 공공디자인 펀더멘털이란 그 도시의 유전자와 같다. 문화적 유전자 밈(Meme)과 같은 것이다. 이 문화적 유전자는 외부의 환경에 의해 돌연변이가 나타나기도 하고 내부적으로 진화하기도 한다. 때로는 사용하지 않는 부분은 퇴화하기도 한다. 도시는 생명체와 같으며, 도시는 유기체와 같은 성격을 가지고 있다. 도시는 정신을 가지고 있으며 이것은 세대를 통하여 전달되는 것이다. 좋은 도시문화유전자를 확보하고 전파하기 위해서는 디자인 펀더멘털이 중요하다. 도시상징, 도시색채, 그래픽과 서체, 공간, 도시에서 일어나는 경험과 인터랙션 등은 도시의 근간을 이루는 기본요소이다.

도시는 사람과 문화가 모이는 그릇이다. 좋은 것만을 담지 않고 모든 것을 담아내는 그릇이다. 도시가 가지고 있는 중요한 속성은 포용성이다. 이러한 포용성은 자정작용을 잃을 정도로 무분별한 디자인을 수용한 적도 있었다. 디자인은 다시 한 번 강조하지만 도시 화장(化粧)이 아니며 도시를 구조적으로 이해하고, 새로운 문화를 창조하기 위한 문화운동인 것이다.

도시를 구성하는 요소에는 시민, 활동, 토지와 시설이 있다. 그중 도시를 구성하는 가장 기본적인 요소는 시민이다. 시민은 개인이기도 하고 인간집합의 구성원이기도 하다. 시민은 가장 기본적인 도시구성요소이며 도시의 존재이유이다. 시민들은 도시라는 지역에 살면서 개인의 생존과 번영을 위하여 여러 가지 활동을 하게 된다. 인간의 활동을 문명과 문화를 탄생시켰다. 도시에서 일어나는 활동들을 원활히 하기 위해서는 각종의 시설과 공간이 필요하다. 공공공간을 배치하고 건축물을 지을 수 있는 토지가 있어야 한다.

공공디자인은 도시디자인과 행보를 같이하고 있으며 도시를 통하여 공공디자인이 이루어진다. 미래의 대부분의 사람들은 도시에 살게 될 것이다. 다양한 형태로 국토의 모든 부분이 도시로 바뀔 것이다. 공공디자인은 도시문화를 뒷받침하는 중요한 기반이다.

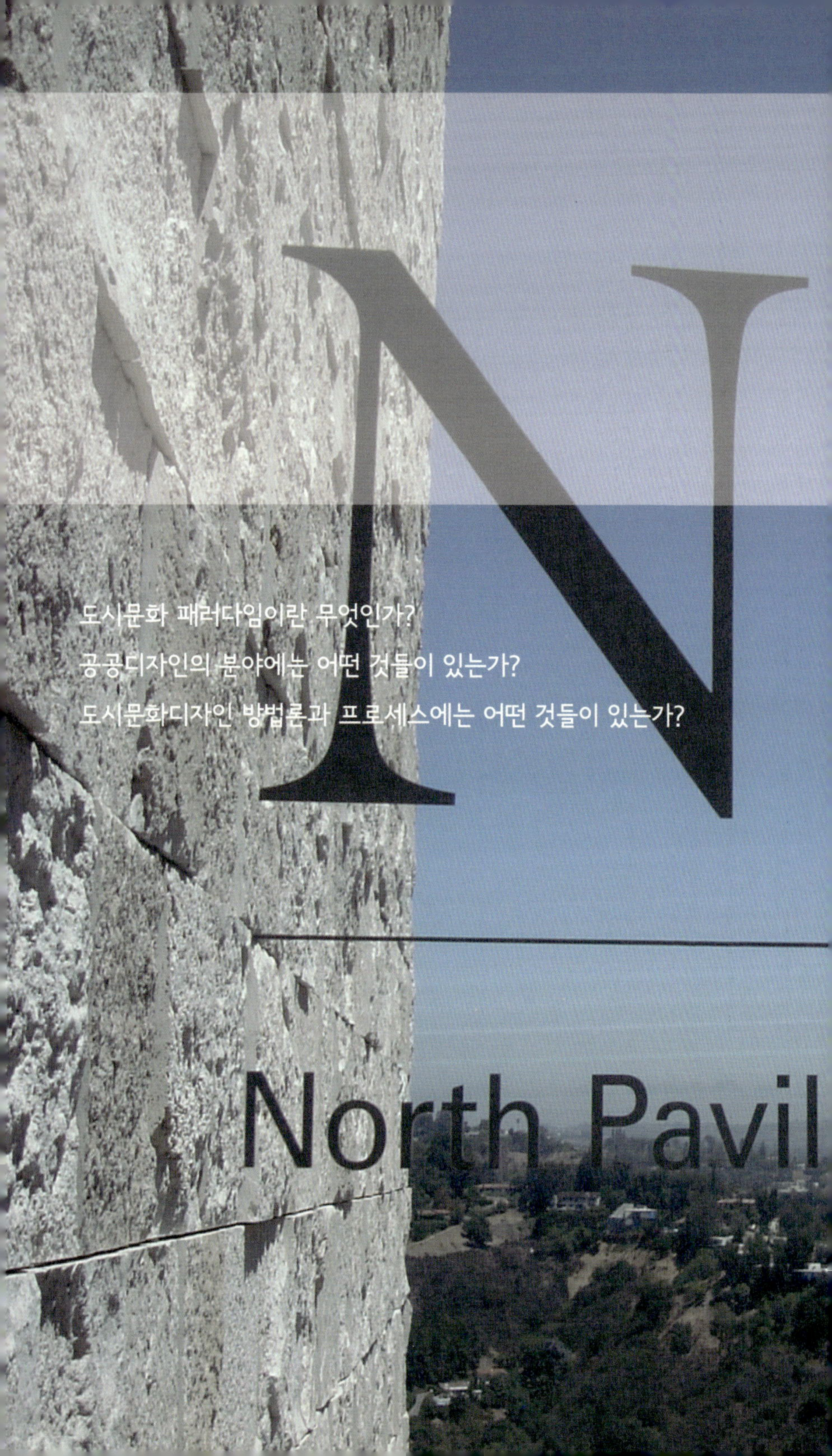

N

도시문화 패러다임이란 무엇인가?

공공디자인의 분야에는 어떤 것들이 있는가?

도시문화디자인 방법론과 프로세스에는 어떤 것들이 있는가?

North Pavil

01 도시문화와 공공디자인

1. 도시문화 패러다임

도시문화는 변화하고 있다. 그 기저에는 도시문화 패러다임이 변화하고 있다. 우리가 토마스 쿤의 [과학혁명의 구조]에서 얻은 수 있는 교훈은 절대적인 국가와 도시디자인의 역사보다 왜 그때는 그렇게 디자인하였을까 라는 사회구조적인 원인을 찾는 작업의 중요성이다. 그것이 바로 도시문화디자인 패러다임이다. 도시는 문명의 태동과 함께 여러 가지 패러다임을 생성해 왔다. 고대 도시는 안정된 도시의 삶과 절대 권력에 의한 공공공간과 건축 프로젝트의 진행하였다. 종교적이고 심리적인 공간 생성하였으며, 안전한 도시를 위한 방어벽 건설이 그 도시를 이끌어간 정신이었다.

중세 도시는 종교적이고 내면적인 발전이 도시의 폐쇄성이나 계층에 따른 주거지의 구분이 생겨났다. 고대의 많은 폴리스는 해체되었고, 지방으로 내려가 농업을 중심으로 한 사회가 형성되었는데 이것이 봉건사회이다. 봉건사회는 경제적, 문화적, 정신적 단위이며, 모든 사람들은 여기로부터 자유롭지 않았다. 중세는 문화보다는 학문적 성숙이 숙성되는 시기였으며 르네상스를 통하여 이러한 지식들이 공유되기 시작하였다.

산업혁명, 근대도시, 현대도시 모두가 도시문화 패러다임에 자유롭지 않으며 상호영향을 주고 있다. 도시는 거대한 유기체이며, 패러다임에 자극받는 감성체이다. 국가는 도시의 집합체이며, 도시의 결속력을 만드는 가장 큰 조직이다. 우리는 국가조직을 통하여 통합된 정체성을 확립하고 도시조직을 통하여 개성적인 정체성을 확립한다. 국가는 더욱더 도시를 통합해 가고 있으며, 도시는 더욱 개성화 되고 있다.

도시디자인은 생명성, 자의성, 사회성 등을 가지고 있다. 도시디자인은 패러다임의 생성, 발전, 소멸과 운명을 같이하며, 언어처럼 파생하기도 하고, 변질되기도 한다. 도시디자인은 그 도시의 지역성이나 정체성에 큰 영향을 받는다. 그러나 도시디자인의 표현은 자의적으로 연결된 것이다. 도시마다 국가마다 추구하는 바가 같아도 그 표현은 다르다. 자의성은 창조성의 원동력이며 도시의 개성이기도 하다. 도시는 사회를 떠나서 생각할 수 없다. 도시가 느끼는 감정은 도시민의 감정과 연관을 가지고 있다. 도시는 개성을 가진 사회적 생명체이다. 도시는 가장 복잡한 유기체이다.

2. 공공과 공공디자인

공공디자인은 오래된 개념이지만 현대에 와서 더욱 부각되고 있다. 도시의 발생은 곧 공공디자인의 발생이라고 볼 수 있지만 지금 같은 개념이 만들어진 것은 근대의 일이다. 공공(公共, public)이란 사람의 무리를 지칭하는 말로 정부와 같은 공공기관을 의미하기도 한다. 공공은 국가나 사회구성원에게 관계되는 것을 뜻하며 사적인 것에 반대되는 것으로 함께하는 것을 의미한다.

도시와 사회의 기본요소는 공공성이다. 도시는 태생적으로 공공의 성격을 가지고 있으며 인류가 함께 만들어온 많은 문화는 기본적으로는 공공이라고 할 수 있다.

공공(公共)의 의미가 탄생한 고대도시국가를 보면 자연재해를 이기기 위해 함께 성벽을 만들고 수로를 만들었다. 자신들의 집단을 보호하고 이끌어가는 신들과 지도자를 위해 신전과 궁궐을 건축하였다. 또한 자기가 생산한 물건을 교환하기 위해 시장을 만들었다. 모두 공공성이 강한 공간이며 모두를 위한 공간이다.

그림 1 그리스 아테네의 아크로폴리스에 있는 에렉테이온 신전

서양문화의 원형이 된 그리스는 폴리스라는 도시국가를 건설하였으며 아테네는 그리스의 모범도시이다. 중앙광장인 아고라(agora)는 시민들의 여론이 형성되는 공론의 장소였으며, 아크로폴리스는 공공기관의 원형이라고 할 수 있다. 이러한 문화는 로마에서는 포럼(forum)으로 발전되어 정치적 논의가 되던 장소이며 시민들의 사교공간이기도 하다.

로마에서는 공공에 대한 의미가 강화되어 공중목욕탕, 원형경기장, 원형극장 등을 건설, 시민들의 여가문화를 이끌어 갔다. 특히 로마는 제국으로 발전하면서 도로를 로마로 모이도록 건설하였으며, 이러한 전통은 세계적으로 비슷한 양상을 가지고 있다. 우리나라의 신라의 경우도 삼국을 통일한 뒤 경주로 향하는 길들을 정비하였다. 지금도 남아있는 속담인 모든 길은 로마로 통한다는 말은 로마 도로 프로젝트의 애칭이기도 하다.

디자인은 이제 우리의 삶의 일부이다. 디자인 패러다임은 이제 우리의 많은 삶 속에서 작용하며 우리의 생활에 영향력을 끼치고 있다. 디자인의 대상인 인공물의 영역은 끊임없이 확장되어 사회적인 시스템, 도시구조, 그리고 정신까지도 디자인 영역으로 포함되고 있다. 본래의 산업디자인은 상업성을 기반으로 발달한 영역이다. 산업혁명 이후 공장 중심의 대량생산 체제가 만들어지면서 생산과 디자인이 분리되었고, 디자인은 올바른 외관 탐색과 기능의 설계로 발전하였다. 그러한 디자인이 21세기에는 공공디자인으로 변화 발전하고 있다.

오늘날 화두가 되고 있는 공공디자인(public design)은 상업성을 기반으로 하는 산업디자인과는 달리 공공재의 성격을 가지면서 공공성을 중심으로 하는 디자인 개념이다. 그러나 엄밀히 말하자면 산업디자인도 공공성의 성격을 가지고 있다. 사회구성원의 디자인 향유를 위한 공공디자인은 이제 새롭게 정의되고, 영역이 설정되고 있다.

공공디자인의 영역은 크게 네 가지 분야로 구분된다. 먼저 공공공간디자인(public space design)이다. 도시의 가장 근본적인 영역을 이루고 있으며 오픈스페이스를 포함한 기반시설들이 여기에 속한다. 또한 공공건축물이 여기에 속하며, 행정, 문화, 역사, 교육기관 등 다양한 영역이 여기에 속한다. 도시는 기본적으로 산, 물, 도로를 중심으로 하는 축을 가지고 있으며, 각종의 건축물에 의한 핵을 가지고 있다.

둘째는 공공시설물디자인(public facility and product design)이다. 교통시설물, 편의시설물, 공급시설물 등을 포함하고 있으며 우리가 도시에서 가장 쉽게 발견할 수 있는 영역이다. 도시의 발전은 도시시설물의 발전과 맥을 같이한다. 거리에서 만나는 벤치, 휴지통, 볼라드, 펜스, 버스정류장 등은 공공시설문 디자인의 대표사례이다. 최근에는 미디어의 발달로 미디어와 정보관련 시설물 등이 개발되고 있으며 이러한 시설물 등은 공공시각매체와도 깊은 관계를 가지고 있다.

셋째는 공공시각매체디자인(public visual and communication design)이다. 교통표지판, 지하철노선도, 픽토그램과 같은 정보매체와 국기, 공문서, 지폐, 여권과 같은 상징매체 등도 있다. 공공시각매체는 의미와 관계되어 있으며 그 국가나 도시의 정체성과 관계되어 있다.

마지막으로 공공디자인 정책이다. 문화진흥정책, 관광자원개발 등과 같은 거시적인 맥락에서는 정책과 사업이 있으며, 법적인 장치로 경관법, 건축법, 공공디자인 진흥법 등과 같은 법적 자산이 있다.

공공디자인은 국가, 도시, 사회구성원들에게 두루 관계되는 개념이며, 함께 살아가기 위한 공간, 시설물, 시각정보, 체계 등을 디자인하는 것이다. 공공디자인 분야의 확장과 발전은 시민의식 및 전문가의 수준과 관계가 있으며 도시의 정체성과 깊은 관계를 가지고 발전할 것이다.

그림 2 정치적 논의가 되던 장소이며 시민들의 사교공간인 로마 포럼

3. 도시문화디자인 프로세스

문화로부터 도시를 디자인한다는 것은 매우 거창한 일이다. 문화 자체가 복잡한 구조를 가지고 있으며, 다양한 문제와 결부되어 있기 때문에 아이디어가 적용할 수 있는 적합한 프로젝트로 발전하기 위해서는 인고의 작업이 필요하다. 그러나 역사를 통하여 많은 지식과 도시개발모형이 축적되어 있으면 이러한 지식과 모형을 활용하여 미래도시를 기획하는 것이 어려운 일만은 아니다. 여기에서는 도시공학이나 도시디자인 측면에서의 방법론이 아니라 도시문화로부터 디자인분야를 생성하고, 아이디어를 구체적인 프로젝트 아이템으로 발전시키는 과정을 중심으로 논하고자 한다.

최근에 공공디자인과 도시디자인의 중요성이 대두되면서 도시의 아이덴티티가 자주 화두에 오른다. 원래 근대적인 아이덴티티란 기업으로부터 시작되었지만, 고대로 올라가면 국가와 도시에서 시작된 개념이다. 다른 국가와 도시와의 구별이 중요하며, 그 구성원들의 결속력을 이루어내는 도시정체성은 그 집단의 흥망과 관련되었다. 현대에는 이러한 정체성의 기조위에 다양한 요소들이 추가되었다. 그것이 문화이다. 공간문화, 시각문화, 유목문화, 여가문화, 예술문화, 과학문화, 비평문화, 군대문화, 체육문화 등 아주 다양하다. 이러한 문화적 속성으로부터 디자인분야를 이끌어내고 프로젝트화 시키는 것이 도시문화디자인의 과정이다.

도시문화를 이해하기 위해서는 먼저 공공공간에 대한 경험으로 시작되어야 한다. 도시는 공간이다. 공간은 많은 확장성과 포용성을 가지고 있다. 그 중 인간이 느낄 수 있는 경험을 목록화하고 기존 디자인 분야를 자료화하고 공간의 새로운 디자인 아이템개발을 통하여 우리는 도시문화에 대한 브레인스토밍(brain storming)을 시작할 수 있다. 브레인스토밍을 통하여 나온 다양한 아이디어는 그룹핑을 할 수 있으며 그룹핑된 아이디어는 다시 도시문화로 해석할 수 있다.

- 공간에서 일어나는 경험의 목록화
- 기존 디자인분야의 자료화 = 반대로 생각하기
- 공간의 새로운 디자인아이템 만들기

둘째는 도시문화와의 상호작용성에 대한 분석이 필요하다. 인간은 다양한 감각기관을 통하여 문화를 체험하고 향유한다. 인간의 기본적인 경험방법은 물리적 감각에 의한 체험, 감성적 심리적 체험, 인지적 체험이다. 인터랙션의 유형도 이에 따라 물리적 인터랙션, 감성적 인터랙션, 인지적 인터랙션으로 구분되는데 공간의 경험을 인터랙션으로 구분하는 것이 필요하다. 최근에 체험중심의 도시문화의 이론적 기반을 제공하는 서적으로는 클레멘트 목의 [디지털 시대의 정보디자인](안그라픽스, 1999), 번트 슈미트의 [체험마케팅](세종서적, 2002), 나단 쉐드로프의 [경험디자인](안그라픽스, 2004) 등이 있다.

도시공간에 대한 새로운 접근으로 크리스티안 미쿤다의 [제3의 공간](미래의 창, 2005), 루시 불리반트의 [제4의 공간 대화를 시작하다](픽셀하우스, 2007), 홍성용의 [스페이스 마케팅](삼성경제연구소, 2007) 등이 있다. 이러한 참고도서들이 새로운 도시공간에 대한 이해와 컨셉을 개발하는 기초가 된다.

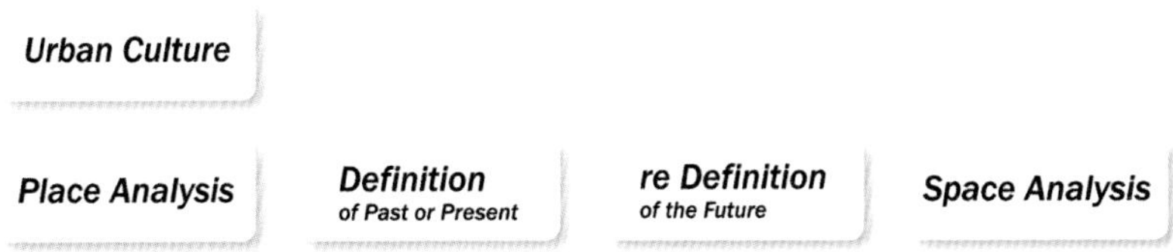

그림 3 도시문화디자인 일반프로세스

도시문화디자인의 일반적인 프로세스는 먼저 도시문화(urban culture)에 대한 이해이며 유형화이다. 도시문화는 고정되어 있는 전통문화만을 뜻하는 것은 아니다. 갑자기 나타났다가 사라지는 유행과 같은 것만을 뜻하는 것은 더욱 아니다. 문화는 생명체와 같아서 태동하고 성장하고 성숙한 단계를 거치게 되는데 그 문화가 어떠한 연령을 가지고 얼마나 성숙하였는지를 알아내는 것이 필요하다. 문화는 공간과 장소를 필요로 한다. 먼저 문화에 대한 장소성(sense of place)을 분석하는 것이 필요하다. 장소성은 다른 분야와의 상대적 위치이며, 인문학적 환경을 포함하고 있다. 우리가 흔히 명당이라고 하는 장소는 분명 위치적인 문제뿐만 아니라 인문학적 환경을 포함하고 있다는 것이다. 도시문화과 공간은 과거와 현재를 통하여 정의되어야 한다. 많은 문화들이 출현하고 사라졌지만 잘 정의되지 않은 문화가 대부분이다. 도시문화디자인 작업에서 정의(definition)를 내린다는 것은 가장 중요한 작업이며 분석의 완료를 뜻하기도 한다. 그 다음단계는 창조의 단계이다. 도시문화와 공간에 대한 재정의(redefinition)이다. 미래에 대한 재정의인데 우리는 이것을 컨셉(concept)이라고 부른다. 또한 디자인의 방향성이다. 지금까지의 많은 도시들은 차량의 증가에 대하여 길을 확장하는 방식으로 대처하였다. 교통문화측면에서 보면 자동차에 대한 배려를 진행하여왔으며 점점 도로 폭이 넓어지고, 확장되는 것 위주였다. 그러나 자동차의 정체는 더욱 심해져 갔으며, 새로운 문제해결방법이 필요하게 되었다. 최근에는 인간중심의 도시를 만든다는 목표로 차선의 폭을 줄이고, 대중교통을 강화하고 보행로와 자전거 도로를 정비하였다. 사람들은 차를 적게 가지고 다니게 되었으며 도시의 정체도 풀리고, 대기환경도 좋아졌다. 자동차의 증가에 대한 사고의 전환은 새로운 거리문화를 만들게 된 것이다. 이러한 문화와 공간에 대한 재정의는 창조의 과정이며, 디자인에 있어서 가장 중요한 가설이며 컨셉이다. 이러한 재정의 단계가 끝나면 공간을 분석하고 요소를 구분하여 디자인 영역을 확정하게 된다.

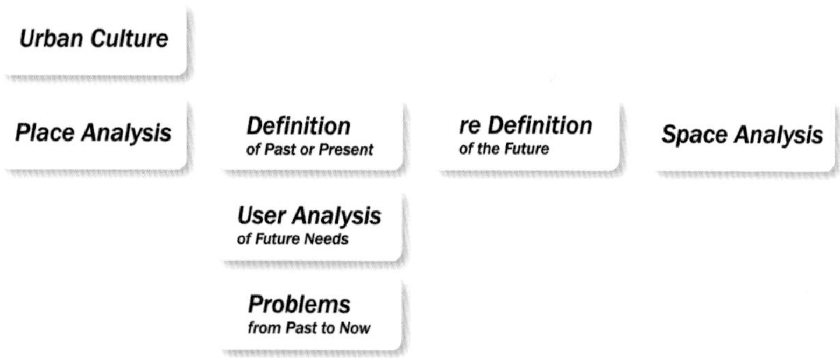

그림 4 도시문화디자인 프로세스
도시문화를 기반으로 장소성 분석, 정의, 요구사항, 문제점 분석을 통한 재정의 및 공간분석과정

통합할 문화에 대한 이해

도시문화는 다양성을 기반으로 한다. 문화는 문화 간 상호작용하며 합병되기도 하고, 파산하기도 하며, 변형되기도 한다. 인간의 심리적 속성을 그대로 가지고 있다. 특히 도시문화는 변화속도가 빠르다. 그리고 역사적 근원이 깊기도 하다. 그리고 역사가 반복되는 것처럼 문화도 반복되며, 다른 문화를 포용하면서 문화색채가 변한다. 통합할 문화에 대한 이해란 문화를 어떻게 구성할 것인가의 문제이며, 콘텐츠에 대한 이해이다. 그리고 디자이너가 다루어야 할 주제에 대한 이해이다.

- 도시문화에 대한 연구, 도시문화 연구관점 개발
- 도시를 비교 연구하는 방법으로 문화를 이해

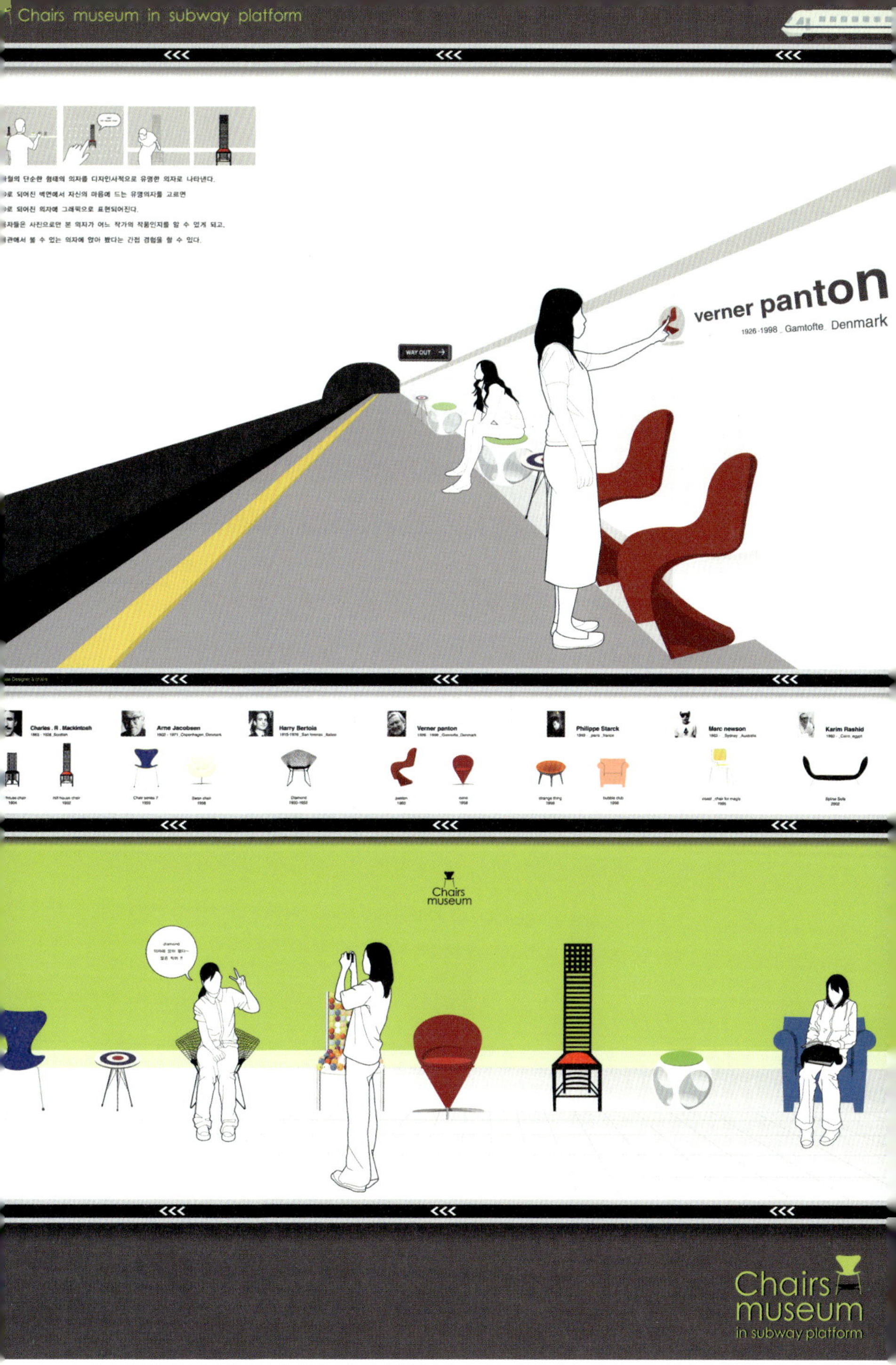

그림 5 학생작품(김경민), 지하철 플래트폼 의자박물관, 2004

필자가 공공공간에서의 아이덴티티와 인터랙션디자인이라는 주제로 진행되었던 수업으로 지하철 플래트폼에서 지하철을 기다리는 동안 의자를 감상할 수 있는 박물관이다. 터치스크린을 사용하여 쉽게 접근할 수 있으며 아이들에게는 학습효과가 있으며, 젊은 사람들에게는 사진을 찍을 수 있는 포토 존으로도 활용할 수 있다.

도시공간의 구조적 이해

문화가 이루어지는 장소를 구조적으로 이해하는 것이 필요하다. 물리적 공간이든 사이버공간이든 도시문화는 장소성을 가지고 있다. 장소성에 대한 이해는 도시를 구조적 이해하는데서 출발한다. 도시의 역사, 지역문화, 인구, 지리적 위치 등 공간의 의미적, 기능적 해석을 통한 재정의를 통하여 문화의 장소성을 이해하는 과정이 필요하다.

공간은 시대에 따라서 그 의미와 기능이 변화하고 있다. 조선시대에 정사를 논하던 궁궐은 이제 전통문화를 기반으로 하는 공원으로 변화하였고, 한강은 물놀이 터에서 식수원으로, 이제는 조망권을 중심으로 하는 경관으로 그 기능이 변화하였다. 좀 더 구체적으로 살펴보면 현재의 지하철 벽은 공간을 구분하는 역할을 넘어 정보를 제공하는 장으로 변화하였다. 버스의 외벽은 이제 광고의 벽으로 변화한 것이다. 이렇듯 우리가 지나쳤던 도시의 많은 공간이 어떻게 의미를 가지고 있으며 어떻게 변해갈 가능성이 있는지를 발견하는 것이 컨셉을 잡는 과정이다.

도시공간의 이해, 해석, 재정의

공간을 문화적(文化的)으로 이해하고, 구조적(構造的)으로 해석하면, 새로운 정의를 내릴 수 있게 된다. 이는 곧 공공디자이너의 상상력이며 이를 우리는 컨셉이라고 한다. 결국 공간의 새로운 해석은 이제 다른 문화적 역할을 가지게 되는 것이다. 이러한 문화적 역할을 수행하기 위해서는 새로운 공공디자인이 필요하게 되며, 새로운 아이템 등을 개발할 수 있게 되는 것이다.

그림 6 도시교통문화에 대한 분석과정
도시문화로부터 출발하여 교통문화를 분석하고 지하철, 버스, 택시 그리고 관련 시설물과 환경을 분석한다.

[지하철 플래트폼 의자박물관]은 학생작품으로 지하교통문화를 주제로 접근하였으며, 공간이용자 분석과 공간의 재정의를 통하여 만들어진 작품이

다. 지하철 플래트폼 공간을 박물관으로 새롭게 해석하였다.

도시공간의 재해석과정이 끝나게 되면 공간과 문화를 통한 가상적인 스토리와 시나리오 만들기 작업에 들어가게 된다. 제품디자인 분야에서 문화기술지법이나 시나리오기법 등이 도입되면서 생활을 시뮬레이션 하는 작업이 가능하게 되었다. 도시도 마찬가지이다. 사회구성원, 공간, 그리고 그를 기반으로 하는 시나리오를 만들어 제안하고 검증하는 과정이 필요하다.

선정된 공간원형 만들기

도시공간은 매우 다양하며 같은 라인의 지하철역도 역마다 그 형태가 다르다. 즉 공통점은 뽑아낼 수 있지만 하나의 원형을 만들기는 힘들다. 그러므로 공간을 전개하기 위해서는 선정된 공간의 원형을 만드는 것이 필요하다. 지하철 공간을 예로 들어보면 매우 다양하게 나타난다. 서울, 부산, 뉴욕, 시카고의 자하철역 공간이 다르다. 그러면 그러한 공간의 원형과 유형을 만드는 것이 필요하다. 이러한 과정을 통하여 공공디자인은 어떻게 구현되는가를 연구하게 된다.

- 육교: 육교의 전통적인 형태의 원형의 유형(type) 만들기
- 구성물 분석하기: 육교의 구성은 계단, 랜딩, 다리, 기둥으로 구성
- 디자인 영역 선정하기: 육교의 기둥, 다리 등
- 새로운 개념을 반영한 다리를 디자인하기

공간에서의 경험디자인

문화를 중심으로 한 공공공간의 재정의는 컨셉을 도출하는 과정이었다. 그 다음과정은 도출된 컨셉을 조형화 프로그램화 하는 작업이다. 과거의 전통적인 디자인 개념과 현대적인 개념의 큰 차이 중에 하나는 조형뿐만 아니라 경험을 프로그램화 하는 문제이다. 공간의 새로운 해석을 통한 아이디어 도출하고 공간의 문화적, 시각적, 조형적 테마를 구성하여야 한다.

- 공간의 문화적, 시각적, 조형적 테마는 무엇인가?
- 공간적 테마의 스타일 선정
- 공간이미지보드 제작하기
- 공간경험에 대한 시나리오 구성하기
- 공간경험 프로그램화하기

그림 7 학생작품(김민호), 도심에서의 지역정보시스템, 2004
필자가 공공공간에서의 아이덴티티와 인터랙션디자인이라는 주제로 진행되었던 수업으로 휴대폰과 연동하여 지역의 건물, 도로 정보 등을 알려줄 수 있는 미래의 정보시설물이다.

관련 디자인 및 예술분야 연결하기

공공디자인 분야는 매우 다양하다. 공공디자인은 기본적으로 공공공간에 해당하는 토목학, 조경학, 산림자원학, 원예학 등과 관련이 있다. 공공건축은 도시공학, 건축학 등과 관련이 있으며, 그 밖에도 다양한 분야와 연계되어 있다. 이러한 관련분야와 연결하여 비평하는 작업은 공공디자인의 실효성을 한층 높여준다. 디자인은 사회적 협업이다. 다양한 분야와의 커뮤니케이션이 필요하며, 아이디어의 공유가 필요하다.

디자인의 영역은 확장되고 있다. 인터랙션디자인, 경험디자인 등 여러 분야가 생성되고 있으며 전통적인 시각디자인, 공업디자인, 공간디자인도 변화를 거듭하고 있다. 공공디자인은 이러한 다양한 디자인 분야를 통합할 수 있는 분야이다. 다양한 분야의 디자이너들의 조화로운 협업에 의해서만 좋은 공공디자인의 결과물을 도출할 수 있다.

참고문헌

- 클레멘트 목, 디지털 시대의 정보디자인, 안그라픽스, 1999
- 번트 슈미트, 체험마케팅, 세종서적, 2002
- 나단 쉐드로프, 경험디자인, 안그라픽스, 2004
- 크리스티안 미쿤다, 제3의 공간, 미래의 창, 2005
- 루시 불리반트, 제4의 공간 대화를 시작하다, 픽셀하우스, 2007
- 최인규, 역사로 보는 공공디자인, 도서출판가인, 2008
- 홍성용, 스페이스 마케팅, 삼성경제연구소, 2007
- 권영걸, 공공디자인 16강-제1강 공공, 공공디자인, 월간퍼블릭디자인 2008_01, 2008

도시 아이덴티티는 어떻게 형성되는가?

국가상징과 도시상징의 차이점은 무엇이며 어떠한 관계를 가지고 있는가?

도시상징체계의 유형에는 어떠한 것들이 있는가?

02 상징

4. 도시이미지와 아이덴티티

사람들은 도시에 나름대로의 이미지를 가지고 있으며, 도시는 나름대로 아이덴티티를 가지고 있다. 사람들의 마음속에 형성되어 있는 이미지는 쉽게 변하지 않으며 좋은 이미지는 많은 부분에서 긍정적으로 작용한다. 도시는 그렇기 때문에 좋은 아이덴티티를 구축하기 위해 노력하고 있다. 이와 같이 이미지와 아이덴티티라는 개념은 서로 불가분의 관계를 가지고 있다.

코틀러(Kotler, 1982)는 이미지란 한 개인이 특정대상에 대해 갖는 신념, 아이디어, 인상의 총체라고 설명하였다. 이미지는 인간의 행위에 중요한 영향을 미친다. 그 예로 어떤 실체에 대해서 반응하는 것은 실체 자체에 대한 물리적 속성에 대한 것이기보다는 실체가 주는 이미지 때문이라는 것이다. 이러한 이미지에 대한 연구는 국가 이미지, 도시 이미지, 기업 이미지, 브랜드 이미지, 점포 이미지 등 다양한 관점에서 연구되어 왔다.

그 중 도시이미지에 대한 연구는 1950년대부터 시작되었는데, 보울딩(Boulding, 1956)에 의하면 도시이미지는 그 지역에 대한 사람들의 주관적 마음의 세계, 경험의 종합적 결과라고 하였다. 또한 케빈 린치(Kevin Lynch, 1960)는 그의 저서 [도시이미지(The Image of the City)]를 통하여 도시가 시각적 이미지를 가져야 하고, 사람에 의해 이미지화되는 것이라 주장하였다. 올포트(Allport, 1979)는 이미지의 대상으로 인간뿐만 아니라 사건, 사물, 자연 등도 포함시키면서, 집단에 대한 이미지가 도시 또는 지역주민을 대상으로 형성될 경우 그것이 바로 도시이미지라고 설명하였다. 그 밖에도 도시 이미지를 한 사람이나 집단이 대상지역에 대하여 갖는 일련의 신념으로 보는 시각과, 도시의 개별적 부분인 건축물, 자연환경, 자연경관 등이 갖는 이미지가 총체적으로 결합되어 형성된 것으로 보는 시각 등이 있다.

도시상징은 그 의미가 복잡해서 정의 및 분류 역시 다양하게 존재한다. 그러나 이렇게 다의적인 특성을 지닌 상징은 그 다양한 의미들을 종합해주는 기능을 가지고 있어서, 복잡한 의미를 특정의 대상이나 행동으로 압축하고 그 사물 자체의 한계를 뛰어넘어 전체와 일치시키고 나아가 전체를 제시하는 힘을 지닌다.

상징의 대표적 기능으로는 제시(presentation), 표상(representation), 개념화(conceptualization)가 있다. 제시 기능은 직접적인 체험에 의하여 즉

각적이고 직접적인 형태로 어떤 사물을 제시하는 작용을 한다. 표상 기능은 대상을 관찰하여 몇 가지 대표적인 요소를 분리 추출하여 재현하는 기능으로서, 이 기능을 통해 의미를 가진 상징체계로서의 역할을 할 수 있다. 마지막으로 개념화 기능은 표상 기능을 개념적으로 더 발전시키는 것으로, 상징을 더욱 뚜렷이 나타나게 한다. 이렇게 하나의 대상은 제시, 표상, 개념화에 의하여 특정한 의미를 갖게 되고 더욱 뚜렷한 상징으로 발전하게 된다.

도시상징의 종류와 이를 분류하는 견해는 다양하다. 상징은 형식, 규모, 강조 유형, 생명력, 집중분산 정도, 존재양식, 발생유형 등의 기준에 따라서 분류된다. 먼저 형식에 따라서는 실제 건축물, 조형물, 구조물, 자연물 등이 상징화되는 실물형(實物型), 슬로건, 심볼마크 등의 의미나 이미지언어 같은 의미형(意味型), 행사, 축제와 같은 행위가 상징화되는 행위형(行爲型)으로 분류된다.

둘째 규모측면에서는 상징이 프랑스 파리의 에펠탑과 같이 국가, 도시, 상징으로 연계되는 국가대표형(國家代表型)과 국가 이미지와의 연계성 없이 도시지역성으로만 상징이 연계되는 도시대표형(都市代表型)이 있다.

셋째 강조유형에 따라서는 의미보다는 상징의 형식, 규모 등이 더 강조되는 상징기표 중심형과 형식보다는 기의 상징이 가지는 의미가 더 중요한 상징의미 중심형으로 나뉜다.

넷째, 생명력과 관련해서는 상징의 의미를 시대에 맞게 스스로 변화시키며 상징성을 강화해 나가는 자기개발형과, 상징의 기능을 유지시키기 위해 지속적인 상징의미 강화 행위를 필요로 하는 의미보완형이 있다.

마지막으로 집중분산 정도에 따라서는 도시의 이미지를 형성하는 강력하고 특징적인 대표 요소가 존재하지는 않지만 도시 대부분의 요소에서 일관된 정체성을 발견할 수 있는 분산형(分散型), 도시의 이미지를 형성하는 요소가 1~2 개이나 그 요소의 상징성이 매우 강력한 집중형(集中型), 그리고 도시의 이미지를 형성하는 특징적 요소가 복수로 다양하게 존재하는 경우인 복합형이 있다.[1)]

---

1) 서울특별시 상징개발연구 보고서, 2008 참고

5. 국가상징 도시상징

한국의 디자인문화는 서구 모더니즘문화가 유입되기 시작하면서 디자인을 상품가치를 높이는 수단으로 인식하는 현상이 형성되었다. 그러나 한국디자인은 선진 디자인을 도입하는 과정에서 서구적 보편성과 지역고유성과의 부조화를 드러낸 경우가 많았다. 이에 경제 발전과 자국 문화에 대한 새로운 인식을 바탕으로 한국은 각기 보편성을 뛰어넘는 자국의 디자인 정체성(national design identity)을 모색하게 되었다. 여기에는 지역 고유의 조형성과 함께 서구의 방식으로는 적응 될 수 없는 생활양식과 의식이 자연스럽게 반영되어있다.

21세기 디자인패러다임은 한국적 조형의식과 가치관에 부합되는 측면이 많다. 생태학적 관점에서 추구되는 환경친화적인 자세는 한국의 친자연성과 닿아 있으며, 과도한 물질 추구로 인해 잃어버린 정신을 찾으려는 태도는 한국문화의 관조성과 그 맥락을 같이한다. 인간관계를 강조하는 한국의 전통은 디지털 기술이 주도하는 정보시대에 친인간적 가치와 사회통합을 위한 네트워크의 강점으로 기능한다.

캐나다는 국가수준에서 이미 1990년에 FIP(Federal Identity Program)의 개발로 국가의 이미지 관리를 하고 있으며 국장이나 시그니처 등의 세부적인 요소도 지정해 놓음으로써 대외적인 행사나 국가 홍보 등의 제반 분야에 통일된 이미지를 고취시키는데 사용하고 있다. 이외에도 일본, 스위스 등 선진국에서는 이와 유사한 프로그램의 구축으로 국가 이미지를 전략적으로 관리하고 일관적으로 유지하고 있다.

미래의 국가디자인은 통합적이고 체계적인 시스템으로 관리되어야 한다. 시각적인 휘장이나 국가상징물을 관리하는 차원을 넘어서 국가이미지와 아이덴티티를 형성하는 다양한 분야를 아울러야 한다. 전통문화, 시각매체, 도시문화, 공간문화 등 다양한 문화적 현상을 관리해야 하는 것이다. 또한 요즘은 국가경쟁력의 중심이 도시경쟁력이라는 말을 하고 있다. 도시경쟁력을 통해서 국가경쟁력을 제고시킨다는 것이다. 지방자치제가 정착하고 지역문화를 존중하는 과정에서 문화적 다양성이 나타나는 것이다. 이를 국가는 조정하고 조화를 이루며 중복되지 않게 하여야 한다.

국가상징은 국기, 화폐, 여권 등으로만 존재하지 않는다. 그 국가를 구성하고 있는 영토와 자연, 민족적 기질, 도시의 문화와 관계가 깊다. 특히 도시문화의 아이콘인 상징은 국가이미지를 형성하는데 큰 역할을 한다. 에펠탑은 파리의 상징이기도 하지만 프랑스의 상징이기도 하다. 뉴욕의 자유의 여신상은 뉴욕시를 대표하지만 때로는 미국을 대표한다. 경복궁은 서울의 상징이며 대한민국의 상징이다. 이처럼 도시상징은 국가상징과 공유하고 있으며 시간에 따라 변화한다.

예술과 건축의 중심축도시 파리

기원전 55년부터 시떼섬을 중심으로 모여든 로마인에 의해 세워진 도시가 파리이다. 15세기말 종교전쟁을 겪은 프랑스는 30년 전쟁을 통해 패권을 장악하였고 루이 13, 14세를 거치면서 절대주의 왕권이 절정을 이룬다. 절대왕권을 표방하며 사치를 일삼은 태양왕 루이 14세를 정점으로 국운이 기울었고, 민중의 불만과 계몽주의의 확산으로 1789년에는 프랑스 대혁명이 일어난다. 그 후 쿠데타로 정권을 장악한 나폴레옹은 1804년에 황제에 즉위해 전 유럽을 전쟁에 몰아넣으며 프랑스 패권화에 전력을 기울였다.

파리는 루이14세와 오스만의 대개조사업을 통하여 도시의 중심축을 확고히 하였고 라데팡스 지역의 개발을 통하여 도시 축을 확장하였다. 파리의 중심은 에뜨왈 개선문이다. 개선문은 12개 대로가 방사형으로 뻗은 에뜨왈 광장의 대표적인 상징물이다. 나폴레옹이 오스테를리츠 전쟁을 기념하기 위해 로마의 개선문을 본 따서 지었다.

파리에서 가장 먼저 떠오르는 대표적인 건축물이 있다면 에펠탑이다. 1889년 만국박람회를 위한 기념물 공모전에서 106개의 공모작을 물리치고 구스타프 에펠의 작품이 선택되었다. 건설 초기에는 파리의 미관을 해친다는 이유로 모파상을 비롯한 프랑스의 지식인과 시민의 거센 저항에 부딪치기도 하였으나 지금은 파리 제일의 상징물이다.

라데팡스는 고지대의 빈민가를 정비해 21세기 최첨단의 도시로 탈바꿈한 곳이다. 미테랑 대통령이 계획한 파리 재개발 계획인 그랑 프로제(Grand Project)의 일환으로 조성되었으며 공사기간만 40년이 걸렸다. 거기에 새워진 신개선문(Grand Arche)은 프랑스 대혁명 200주년(1989년)을 기념해 세워졌으며 110m의 높이를 자랑한다. 21세기형 도시공원이라는 주제로 덴마크의 건축가 프레켈젠(Sprechelsen)에 의해 설계되었다. 파리의 도시축을 확장하였으며 파리의 미래를 보여준 대표적인 상징물이다.

곰의 도시 베를린

프러시아 제국의 중심으로 번영을 거듭해온 베를린은 1991년 이후 독일의 수도이다. 소박하고 따뜻한 분위기를 가진 독일의 다른 도시들과는 달리 독일의 강철심장이라는 닉네임을 가진 베를린은 차갑고 이성적이다. 독일의 심장부였던 베를린은 2차 세계대전의 결과로 둘로 나눠져 동쪽은 구(舊) 소련이 남쪽은 영국, 미국, 프랑스 3국이 관할하는 가운데 1961년 남북을 가르는 베를린 장벽이 세워졌다. 1989년 통일독일이 되기 전까지 철의 장막이 세워진 도시였다.

베를린의 대표상징인 버디베어(Buddy Bear)는 베를린 이름 자체가 어린 곰에서 유래하였다고 알려져 있다. 오랜 옛날 한 사냥꾼이 슈프레 강의 섬에서 큰 곰을 만나 이 곰을 잡기위해 곰의 굴까지 따라갔었는데 굴에는 어미 곰을 기다리는 새끼 곰들이 있었다고 한다. 이에 사냥꾼은 곰 사냥을 포기하고 친구에게 이곳을 베르라인(Bearlein)이라고 부르게 되어 베를린이 되었다는 전설이 있다. 곰이 베를린의 대표상징물로 된 계기는 1999년 클라우스 헤어리츠 박사와 그의 부인 에바에 의해서이다. 1998년 쮜리히와 1999년 시카고에서 소(cow)가 거리의 조형물로 등장하였는데 이러한 소 조형물에 깊은 인상을 받아 버디베어를 탄생시켰다.

그림 8 베를린에 있는 다양한 모습의 버디베어

그림 9 베를린의 버디베어는 다양한 예술품으로 시민들에게 전시되고 있다.

빅애플과 자유여신상의 도시 뉴욕

뉴욕은 동부해안에 위치해 있는 미국 최대의 도시이다. 뉴욕은 맨하튼, 브루크린, 브롱크스, 스테이튼 아일랜드의 다섯 개의 독립구로 이루어져 있다. 특히 많은 사람들에게는 맨하튼이 뉴욕으로 알려져 있다. 맨하튼은 5번가, 월스트리트, 엠파이어스테이트 빌딩, 센트럴 파크, 브로드웨이, 할렘 등 뉴욕을 상징하는 대부분이 집중되어 있다.

맨하튼 섬을 최초로 발견한 사람은 1524년 이탈리아의 항해사 조바니 다 베라자노(Giovanni da Verrazano)이다. 그 후 100년 뒤 네덜란드가 허드슨강으로 진출해 뉴네델란드로 정하고 맨하튼에 뉴 암스테르담을 세웠다. 1626년 최초의 주지사 피터 미누이트가 이곳 인디언들에게서 24달러어치의 장신구를 주고 맨하튼 섬을 샀다는 에피소드가 이 당시의 이야기이다. 1664년 영국이 이 지역에 대한 권리를 주장하고 나섰고 22년에 걸친 세 차례의 전쟁을 통하여 맨하튼의 지배권이 영국으로 넘어갔다. 1825년에는 이리운하가 개통되면서 무역거래가 활발히 이루어지면서 미국경제의 원동력이 되었다. 1886년 프랑스에서 도착한 자유의 여신상은 수세대에 걸친 이주민들의 관문으로서 도시의 상징이 되었으며 20세기 초 맨하튼에 세워진 마천루들은 뉴욕을 새롭게 만들었으며 경제, 예술, 문화의 도시로 만들었다.

빅애플(Big apple)은 뉴욕시의 대표적인 애칭이다. 빅애플의 유래는 1921년 존 피츠제랄드(John Fitzgerald)라는 작가가 뉴욕 모닝 텔리그라프(New York Morning Telegraph) 신문에 경마관련 칼럼에서 처음으로 사용하였다. 이 당시 애플은 공연이라는 속어로 사용되었으며, 뉴욕과 같은 큰 도시에 가서 공연하는 것을 빅애플이라고 하였다.

뉴욕은 센트럴파크와 같은 오픈스페이스, 아르데코의 걸작으로 뽑히는 크라이슬러 빌딩과 엠파이어스테이트 빌딩, 1886년 프랑스가 미국독립 100주년을 기념해 미국에게 우정의 상징으로 선물한 자유의 여신상 등 다양한 상징들을 가지고 있는 도시이다. 뉴욕의 움직이는 상징으로는 노란택시 옐로우캡이다. 옐로우캡은 뉴욕의 대표적인 상징이며 런던의 블랙캡과 함께 가장 성공적인 도시이미지를 만들어 왔다.

뉴욕은 세계문화의 중심지이다. 브로드웨이를 중심으로 하는 뮤지컬 공연은 뉴욕의 또 하나의 문화코드이며 도시상징이다. 뉴욕은 어떤 도시보다도 빠르게 스포츠문화 중심에서 공연문화중심으로 변화한 도시 중에 하나이다. 우리는 뮤지컬이라고 하면 런던과 뉴욕을 떠올리게 된다.

그림 10 뉴욕 맨하탄의 항구에서 흔히 볼 수 있는 빅애플(Big apple)

하트의 도시 샌프란시스코

캘리포니아 해변의 중앙에 위치한 샌프란시스코는 반도의 끝에 위치해 있다. 삼면이 바다이고 가파르고 작은 언덕들에 둘러싸여 있다. 이 도시의 역사는 1596년 스페인 함대가 샌프란시스코 건너편 해안지역에 상륙한 것이 그 시초이다. 이들이 현재의 드레이크만 일대를 샌프란시스코만이라고 명명하였다. 18세기 후반에는 샌프란시스코를 포함한 캘리포니아 지역이 스페인령이 되었다가 멕시코에 넘어가기도 하였다. 미국은 멕시코와의 전쟁에서 승리를 거두고 1847년 정식으로 샌프란시스코라는 이름을 붙였다.

샌프란시스코의 대표적인 상징은 금문교(Golden Gate Bridge)이다. 1937년에 개통되었으며 인터내셔널 오렌지(international orange)라는 붉은색 페인트로 도장되어 있으며 샌프란시스코의 경관과 매우 잘 조화를 이루고 있다. 마린 카운티 쪽에는 비스타 포인트(vista point)가 있어서 샌프란시스코의 스카이라인이나 앨카트라제 섬이 한눈에 보이는 장관을 이룬다.

도심의 유니온 스퀘어(union square)는 샌프란시스코의 하트를 만날 수 있는 곳이다. 뉴욕이 빅애플이라면 샌프란시스코는 하트이다. 유니온 스퀘어의 모퉁이에는 예술가적인 느낌을 담은 하트 조형물이 설치되어 있다. 또한 그 주위를 다니는 케이블카는 샌프란시스코의 움직이는 상징이다.

그림 11 미국 샌프란시스코의 유니온 스퀘어

그림 12 영국 게이츠헤드의 상징물인 북쪽의 천사(The Angel of the North).

그림 13 미국의 대표적인 상징물인 러시모어산의 기념조각, 사우스다코타 블랙힐
왼쪽으로부터 조지 와싱턴(George Washington), 토마스 제퍼슨(Thomas Jefferson), 테오도르 루즈벨트(Theodore Roosevelt) 아브라함 링컨(Abraham Lincoln)이다.

그림 14 싱가포르의 대표상징인 머라이언(Merlion)
머라이언은 1964년 싱가포를 관광진흥위원회가 처음 디자인한 앰블렘이다. 파도 위에서 쉬고 있는 사자 머리와 물고기 몸통은 나중에 싱가포르의 상징이 되었다.

그림 15 서울상징으로 선정된 해치상의 모습
중국 한나라의 양무가 지은 이물지에 의하면 해치는 동북지방에 땅에 사는 짐승으로 선악을 구별하는 식별력이 뛰어난 동물로 잘 알려져 있다.

6. 도시상징체계

도시상징체계는 기본적으로 상징물에 해당하는 핵과 상징거리에 해당하는 축으로 구성되어 있다. 도시에는 핵(核)과 같은 개념의 상징물들이 존재한다. 도시에는 강이나 산 등과 같은 자연환경 요소, 성, 궁, 문화재 등과 같은 전통문화 요소 그리고 현대건축물, 조형물, 시장, 지역 등과 같은 도시문화 요소들이 복합적으로 존재한다. 도시에 따라서 자연환경, 전통문화, 도시문화 등이 발달되거나 강조된 도시들이 있다.

도시들은 과거부터 존재해 온 자연환경이나 전통문화를 보다 강화하는 동시에 새로운 도시문화를 만들어 감으로써 새로운 핵(상징물)들을 생성하고 있다. 해외도시의 상징물들이 보다 강력한 상징성을 가지는 이유는 도시 내에 형성된 자연발생적 혹은 인위적 도시기반구조를 가지고 있기 때문이다.

도시기반구조에는 거리, 지역, 교통체계 등이 포함되는데 도시의 상징물들은 주로 지역이나 거리에 위치함으로써 사람들에게 인식되므로 도시 상징의 축은 도시이미지를 강화하고 상호 관련된 맥락을 축조하여 상징물을 강화시키는 상징거리라는 개념으로 해석될 수 있다.

도시의 상징은 그 도시의 도시민들의 사고, 문화, 철학, 전통에 의해 빚어진 것들의 결정체로서 상징 자체가 사회적 소통의 기능과 상징성을 가질 뿐 아니라 공공성, 문화성, 경제성까지도 포괄하고 있다. 따라서 도시축도 상징물, 즉 핵과 함께 이러한 흐름 속에서 이해되고 해석되어야 하며 각 상징을 연계하는 상징거리로서 도시의 역사, 전통, 정체성, 장소성 등이 표현되어야 한다.

19 세기 초반에는 직선, 직각과 같은 효율성과 합리성을 우선하는 도시 축 개발이 주류를 이루었으나 다양성과 장소성의 추구, 환경성 등의 중요성이 커지면서 현재에는 환형, 영역형, 혼합형과 같은 다양한 도시축이 존재하고 있다.

해외도시의 축(軸)들을 살펴보면 선형, 환형, 영역형, 수변중심형 및 혼합형 등으로 구분할 수 있다. 선형은 일직선의 도로를 중심으로 상징물들이 분포되고 보행자들의 걷는 행위를 통하여 군중이 밀집되고 상징물들의 상징력이 강화되는 형태이다. 대표적인 사례가 파리이다.

환형은 원의 형태를 보이는 구조로서 도쿄를 예로 들 수 있다. 도쿄는 중심부에 위치한 황궁을 중심으로 환형을 그리며 상징물들이 존재하고 있다. 이 환형은 지하철 야마노테 노선과 유사한 형태로 도쿄의 중심지역들인 롯본기, 긴자, 시부야 등의 지역을 순환하는 모습을 보인다.
수변중심형은 도시를 지나는 강이나 바다와 같은 수변을 중심으로 상징물들이 밀집된 경우를 말한다. 런던의 경우 템즈강을 따라 런던 시청, 런던 아이, 테이트 모던 미술관 등을 찾아볼 수 있으며, 런던 브릿지나 밀레니엄 브릿지 등과 같은 강을 가로지르는 상징적인 다리도 함께 볼 수 있다. 싱가포르에서도 최근 들어 해안을 중심으로 공원, 음식점 등을 통하여 보행자가 증가하며 새로운 상징도로로 자리잡고 있다.
마지막으로 혼합형은 위의 형태가 혼합된 경우이다. 베를린의 경우 직선형의 상징거리와 수변을 중심으로 모두 발달하였으며, 이는 현재까지도 이 주변에 새로운 건축물이 들어서고 있다.

참고문헌

•유영옥, 사징과 기호의 정치행정론, 학문사, 1997
•이규목, 도시와 상징, 일지사, 1980
•최인규, 역사로 보는 공공디자인, 도서출판가인, 2008
•서울특별시 상징개발연구 보고서, 서울특별시청, 2008

그림 16 파리 에뜨왈 개선문에서 본 라데팡스 지역의 그랜드 아치
파리는 루브르박물관부터 시작하여 개선문 라데팡스에 이르는 강력한 직선의 도시축을 가지고 있다.

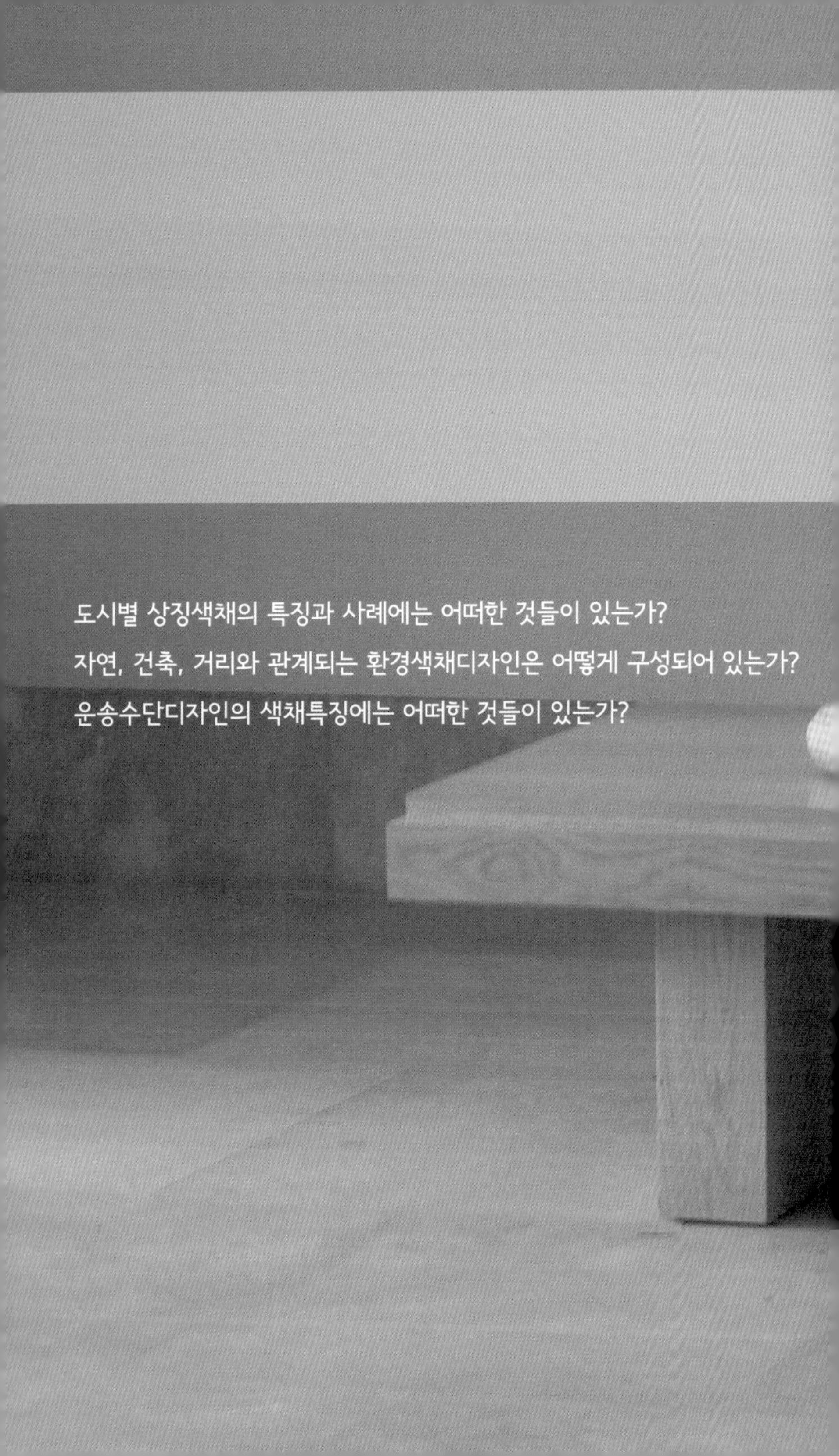

도시별 상징색채의 특징과 사례에는 어떠한 것들이 있는가?

자연, 건축, 거리와 관계되는 환경색채디자인은 어떻게 구성되어 있는가?

운송수단디자인의 색채특징에는 어떠한 것들이 있는가?

03 색채

7. 도시상징색채
8. 환경색채디자인
9. 지하철, 버스, 택시

7. 도시상징색채 도시경관색채

비행기를 타고 구름위에 올라와 있으면 수평선과 지평선, 구름과 하늘이 만나는 다양한 색채풍경을 볼 수 있다. 물론 물질적으로 하늘은 존재하지 않지만, 하늘의 색에 의해서 하늘을 인식하게 된다.

하늘색은 도시색채에 많은 영향을 끼친다. 인간의 정신세계와 자연이 만나는 수평선과 지평선 아래의 색채를 구성하는데 결정적이다. 도시의 하늘은 고정되어 있는 것 같지만 날씨에 의해 다양한 컬러스펙트럼을 가지고 있다. 한 도시의 하늘색을 분석하는 데는 많은 시간대와 조건의 조사가 요구된다. 하늘색은 노출되어 있는 모든 공간과 물체에 영향을 준다. 도시를 흐르는 물의 색, 유리로 된 건축물, 건축물과 하늘이 만나는 끝선 등에서 배색의 효과가 일어나는 것이다. 날씨가 사진에 많은 영향을 주듯이, 하늘은 도시의 기본색을 결정하는 무한한 영향력을 가지고 있다.

도시색채를 구성하는 요소는 매우 다양하다. 기본적으로는 그 도시가 가지고 있는 자연환경과 기후환경으로부터 영향을 받는다. 과거로 갈수록 자연 그대로의 색채가 그 도시를 지배한다. 도시문화가 발전할수록 문화적, 의식적으로 상징화된 색채가 주류를 이루게 된다. 풍토에 의해서 얻어진 색채가 더욱 정제되고, 조화로운 도시색채 팔레트가 생성된다. 이러한 데이터는 도시정체성 형성에 영향을 준다. 도시색채가 더욱 발전하면 도시를 구성하고 있는 구성원의 색채와 스타일이 다양해진다. 개인의 개성적인 색채가 존중되고 도시와 어울리는 스타일이 지속적으로 개발된다.

세계의 도시들을 여행하게 되면 그 도시만의 색채를 경험하게 된다. 이러한 색채는 자연경관, 인공경관, 인문경관에 의해서 조성되기 때문이다. 북경에 도착하게 되면 시각적으로 붉은색이 강하게 다가온다. 북경의 도심을 여행하게 되면 붉은색이 감성적으로 다가온다. 북경을 떠나 오랜 후에도 우리는 북경을 붉은색으로 기억하게 된다. 뉴욕을 가면 회색과 검정이라는 색이 느껴진다. 겨울에 시카고에 가게 되면 짙푸른 강물색과 강철건물 색채에서 뉴욕과는 다른 색채구성을 경험하게 된다. 또한 파리에 가면 세느강 주변의 정돈된 도시구성색채가 이 도시임을 강하게 느끼게 한다.

도시의 색을 구성하는데는 자연경관에 대한 이해, 애정 그리고 노력의 필요가 기본이다. 도시가 가지고 있는 하늘, 산과 강, 해변, 나무와 숲 등은 오랜 시간을 통해서 변하기 때문에, 꾸준한 연구의 축적이 좋은 도시색채

데이터를 만든다.

도시의 색에 가장 많은 영향을 주는 인공환경은 건축물과 도시구조이다. 건축물은 색채구성의 표면 재료색이다. 도시구성은 레이아웃이며 배색이다. 좋은 도시경관을 위해서는 좋은 물감이 필요하고, 적절한 혼색과 배색이 필요하다. 자연환경에 해당하는 종이의 색도 재질도 중요하다. 도시는 색채에 의하여 무의식적으로 빠르게 오래 기억된다는 점은 자연경관의 색채를 잘 이해해야 함과 동시에 예술적인 창의성을 발휘하는 건축가와 디자이너의 조화된 힘이 필요하다는 점을 깨닫게 된다.

그림 17 적색도시 북경 자금성의 모습, 중국

그림 18 산토리니의 도시경관색채, 그리스

8. 도시환경색채

해외의 많은 도시들은 그들의 실정에 맞게 서로 다른 방식으로 그들만의 독창적인 색채를 정립하고 있다. 일본은 일찍부터 지구단위계획에서 건축물, 구조물, 조형물 등을 포함하는 색채계획이 이루어졌으며, 자연경관에 관한 색채조사를 토대로 인공물의 색과 도시의 상징색을 정립하였다.

영국은 역사적 개념에 근거한 빨간색이 수도인 런던의 상징이 되었으며, 런던의 상징색이 국가의 상징색으로 확대되었다. 또한 도시 건축물이 상징색인 빨간색의 배경이 되어 상징색을 더욱 부각시키는 효과가 있다.

베를린은 강한 정부의 규제로 역사건축물이 보존되고 있으며, 신축건물의 색채적용에 있어서도 역사건축물과의 조화가 우선시 되고 있다. 싱가포르의 수변지역의 경우에는 바다의 색을 돋보이게 하기 위해 무채색계열의 색을 적극 적용하고 있다. 암스테르담은 환경색채의 다양성을 인정하는 한편으로 창호의 색채를 통일시키고 재료의 색을 최대한 살리는 정책을 적용함으로써 전체적인 통일감을 이끌어 내고 있으며, 이용자에게 쉽게 눈에 띄는 곳에 도시 상징색을 적극적으로 활용하고 있다.

그림 19 암스테르담의 시가지색채경관

런던의 도시색과 환경색

1910년대부터 지하철, 버스 등과 같은 대중교통 수단을 중심으로 빨간색을 거리에 적용하고 있다. 빨간색은 주요간선 도로의 편의시설물을 돋보이게 하는 역할을 하고 있어 시민들의 안전과 편의를 제공함은 물론, 런던하면 빨강을 떠올릴 수 있을 만큼 방문객들에게 강한 인상을 심어준다.

런던은 1990년대 초반, 각종 시설물 표지판의 색채 통합 작업이 시당국의 강력한 주도 하에 이루어졌다. 각종 가로 시설물의 제작, 설치, 크기, 색채에 대한 매뉴얼이 제작되었고, 그 중 지하철(tube) 역명을 알리는 표지판은 지난 1990년대부터 빨강의 동그라미 문양에 파랑색 바탕 색깔이 함께 사용되고 있다.

주로 빨강의 노후 시설물에 검정이나 파랑을 가미하는 방식으로 웨스트민스터 시티 빅토리아 역(Victoria station)을 중심으로 현대적인 공중전화 부스가 설치되고 있다. 신축된 런던시청의 외관에 파란색을 적용함으로써 빨강에서 파랑으로 이어지는 새로운 도시아이덴티티가 정립되고 있다.

런던은 전통적인 건물의 보존이 잘되어 있고 수세기에 걸쳐서 꾸준히 그 시대의 스타일에 맞는 건축물을 추가해 왔기 때문에 건축에 있어 전통성과 현대성 그리고 다양성을 볼 수 있다. 특히 건축에 있어서 새로운 실험에 대한 선별된 수용력을 가진 도시이기도 하다.

그림 20 런던의 시가지 경관(London cityscape)

요코하마 미나토미라이 21

미나토미라이 21은 화이트를 테마칼라로 깨끗한 항구도시의 이미지 구현하는 것을 목표로 하고 있다. 1975년부터 요코하마시 전역에 대한 환경색채계획을 수립하여 현재까지 지구단위별로 정비 사업이 진행되고 있으며, 1993년에는 항만 정비를 위해 일본 색채연구소의 주도하에 체계적인 색채계획을 수립하여 현재 단계별 사업을 진행하고 있다.

MM21(Minato Minari 21, A New City and A New Port for a New Century)은 새로운 세기의 신항구 도시라는 의미로, 무역항으로 발전하였던 요코하마가 항구도시로서의 역할이 점차 줄어들면서 새로운 변신을 시도하게 되었고 도시 전체가 특색있는 구조물과 건축물, 조형물로 탈바꿈하게 되었다. 더욱이 전체적으로 깨끗한 항구도시의 이미지를 구현하기 위해 색채의 원칙을 개발하게 된 것이다. MM21의 테마칼라로 선정된 화이트는 베이브릿지를 시작으로 도시전역의 대표경관에 사용하게 되면서 MM21지구의 역사들에 화이트기미가 강하게 나타나게 된다. 이는 바다의 파랑색과 어우러져 전체적으로 깔끔하고 산뜻한 항구도시의 이미지를 만들어내고 있다.

그림 21 요코하마 도시경관색채
미나토미라이 21은 화이트를 테마칼라로 깨끗한 항구도시의 이미지 구현을 목적으로 하고 MM21의 테마칼라로 선정된 화이트는 베이브릿지를 시작으로 도시전역의 대표경관에 사용하게 되었다.

깨끗하고 친환경적인 싱가포르

싱가포르시는 'Clean and Green'이라는 정책을 통하여 깨끗한 거리와 맑은 공기를 목표로 하고 있다. 편리한 보행공간, 열대의 녹음과 오픈스페이스의 확충 등으로 전원도시를 지향하는 것이다.

또한 수변계획을 진행하면서는 녹지의 중요성을 강조하고 주민의 의견을 수렴하는 피드백과정을 거치면서 인간 중심으로 녹지와 수변이 어우러진 경관을 만들어 가고 있다. 무채색계열의 밝고 깨끗한 색을 주조색으로 하여 도시전체에 적용하고 그와 강한 대조를 이루는 보조색들을 배색함으로써 강하면서도 시원하고 깨끗한 경관을 형성하고 있다.

싱가포르의 주거환경색채의 경우에는 전체적으로 주조색에 있어서는 자연환경인 바다와 하늘에 잘 어울리는 밝은 색채를 주로 사용하고 강조색에 있어서는 다양한 색채가 사용된다. 특히 중국풍의 빨간색이나 다색조의 색채조화도 쉽게 찾아볼 수 있다. 최근에는 고급스러운 느낌이나 안정된 느낌을 위해 어두운 계통의 주조색도 사용된다.

그림 22 싱가포르의 주거지역 색채경관
싱가포르의 주거지역은 매우 정돈된 색채를 사용하고 있으며 특유의 강조색으로 색채이미지를 들어내고 있다.

전통과 현대가 공존하는 도시 베를린

독일의 베를린은 통일 후 100개의 도시 고유색상을 정립하였다. 베를린의 도시색채를 조사하고 정립함으로써 베를린 도시디자인의 기본 자료가 된다. 베를린의 색채는 엄격하면서도 전통과 현대의 조화를 중시한다.

베를린은 간판의 설치와 관리규정을 마련하여 각 구청 건축과가 엄격하게 관리감독하고 있다. 간판의 디자인과 색상은 간판도면을 해당 관청에 제출하면 담당 공무원은 전문가들과 상의해 간판과 주변 시설과의 조화 여부 등을 심사하여 최종 허가를 결정한다. 가로간판은 1층에만 설치 가능하며 적용문자는 입체형문자로 한다. 또한 입체형 문자의 색상은 건축물 외벽의 바탕색상과 유사한 색을 사용하도록 하고 있다.

베를린의 건축물은 전통적으로 건축양식과 색채사용에 있어서 보수적이며 기존의 경관을 존중한다. 특히 녹지공간과의 조화를 위해서 채도가 낮고 건축물 표피의 재료색이 존중되며, 오랜 시간이 지난 색채변화와도 조화를 이룬다. 자연과 전통, 역사, 현대의 색채가 조화된 도시가 베를린이다.

그림 23 베를린 시가지경관의 모습

독일의 건축물의 색채는 재료의 색을 존중하며 절제된 색채사용으로 시각적으로 편안함을 준다.

독창성을 인정하는 암스테르담

다양성속에 통일성을 부여하기 위해 색채의 자유로운 사용을 보장하는 도시가 암스테르담이다. 창호의 색을 통일하고 마감재의 색을 최대한 살려 조화를 이루고 있다.

건축가의 개성과 독창성을 보장해주고 있는 암스테르담의 경관은 도시정책에서도 알 수 있듯이 접근방식, 형태, 사용재료 등에서 자연스럽게 다양성이 확보되었다. 이러한 다양성속에 통일성을 부여하기 위해 색채의 자유로운 사용을 보장하면서 창호의 색을 통일하고 마감재의 색을 최대한 살려 조화를 꾀하고 있다. 최근에 개발한 'I amsterdam' 로고를 도시의 공공시설물, 사인, 공공차량 등에 적용함으로써 시민은 물론 방문객에게 도시의 이미지를 강렬하게 전달하고 있다.

암스테르담은 운하와 함께 발달한 도시이며 하늘과 물의 색채와 조화를 이루는 색채가 사용되었다. 특히 운하의 물이 어두운 색조를 띠기 때문에 밝고 경쾌한 건축물의 색을 사용하기도 한다. 색채에 있어서 자유로움을 추구하면서도 전통색의 이미지를 잘 살려내고 있는 도시이다.

그림 24 네덜란드 암스테르담의 도시경관색채
네덜란드는 전통적으로 색채사용이 자유롭고 전통적인 색채를 존중하면서도 강조색에 있어서는 세련된 색채사용이 특징이다.

9. 지하철, 버스, 택시

세계최초의 철도건설은 영국에서 19세기 초에 시작되었다. 1850년경에 여섯 개의 독립된 철도 종점역이 런던 중심가 바로 밖에 설치되었다. 런던 시와 간선 철도 종점 역을 연결하는 지하철도망은 1830년에 처음 계획되었지만, 1850년이 되어서야 이 방안은 교통 체증 문제의 해결책으로서 심도 있게 논의되었다.

1854년에 지하철도의 건설을 허가하는 국회 제정법이 통과하였는데, 이것을 메트로폴리탄 철도이다. 세계 최초 도시지하 여객철도인 메트로폴리탄 철도는 1863년 1월에 개통되었다. 1년 뒤에 서쪽으로는 해머스미스로 연장되었으며, 이어서 동쪽으로는 무어게이트로 연장되었다. 런던의 철도는 1890년 전기철도 방식으로 발전되었으며 제1차 세계대전이 일어난 1914년에 세계 여러 도시에서 지하철도 건설 붐이 일어났다. 일반적으로 런던의 지하철을 언더그라운드(the Underground)라고 부르며, 굴착 터널 모양에서 이름을 따서 지하철객차를 런던에서는 튜브(the Tube)라고 부른다.

그림 25 세계지하철의 로고

아르누보를 경험했던 파리 메트로

파리 메트로는 파리의 시내 및 교외 일부에 노선망을 가진 도시철도시스템이다. 파리 메트로는 1호선부터 14호선 및 2개의 독립된 지선 등 16개 노선으로 이루어져 있으며 파리교통공단(RATP)이 운영하고 있다. 교외로의 교통을 주목적으로 한 RER과는 달리 시내의 교통을 주된 목적으로 하여 역간 거리가 매우 짧으며 노선이 거의 파리 시내에서 완결되는 특징을 가지고 있다. 파리 메트로는 만국박람회가 있던 1900년에 현재의 1호선 구간과 2호선 구간이 처음으로 개통되었다. 그로부터 약 30여 년 동안 지하철망이 지속적으로 확장되어, 1937년에 14호선이 개통된 것을 끝으로 도합 14개의 노선이 성립되었다.

파리 지하철은 다양한 예술적인 실험이 있었으며 헥토르 기마르(Guimard Hector)가 디자인하였던 아르누보 스타일의 지하철입구는 지금도 파리를 대표하는 상징이 되었다. 또한 다른 나라의 지하철과 다르게 일부 노선에서는 기차바퀴가 고무타이어로 되어 있어 진동과 소음을 획기적으로 줄이고 있다.

그림 26 헥토르 기마르가 아르누보스타일로 디자인한 파리지하철역 입구

미국지하철 서브웨이

미국에서는 1895년에서 97년에 걸쳐 개착 복공식 공법에 의하여 건설된 보스톤 지하철이 실용적인 의미에서 최초의 것이었다. 거리는 2.4Km이었으며 크로리 노면전차가 유용되었으나 그 후 보통의 지하철 전차가 이에 대체되었다.

뉴욕시의 지하철 건설은 노면교통의 혼잡완화를 도모하기 위하여 1864년에 지하철도회사에 의하여 신청되었으나 고가철도와 경합 때문에 실현되지 못하였다. 시당국은 저토가 터널굴착에 부적합하다는 이유로 처음에는 고가철도로서 수송문제를 해결하려고 한 것이었다. 그럼에도 불구하고 1900년에는 지하철건설계획이 수립되고 작업은 급속히 추진되었다. 뉴욕시 최초의 보통 지하철 노선이 개통된 것은 1904년 10월 27일이었다.

그림 27 뉴욕 맨하탄의 28번가 지하철역 내부의 모습, 1904

독일의 우반과 에스반, 일본의 지하철

독일 베를린의 지하철 우반(U-bahn, U는 독일어로 지하를 가리킴)은 1880년에 이미 그 건설이 제창되었으나 지질이 지하철에 적합하지 않다는 반대의견 때문에 늦어져서 최초의 구간이 개통된 것은 1920년이다. 우반은 독일, 스위스, 오스트리아에서 공통적으로 사용하는 지하철이라는 의미를 가지고 있다. 에스반(S-bahn)은 교외선 열차로 도시와 근교를 연결시켜주는 철도이다. 우반이 지하철이라면 에스반은 국철에 해당된다.

베를린의 지하철을 표를 체크하는 곳이 없이 자유롭게 들어갈 수 있으며 역마다 그 역을 상징하거나 디자이너나 예술가들의 작품들로 되어 있다. 최소한의 정보와 색채를 사용하였으며, 엄격한 규칙보다는 자율이 강조된 디자인이다.

일본의 지하철은 1906년에 지하철 건설이 최초로 계획되었으나 고가철도와 경합되었을 뿐 아니라 특히 국철노선과의 관계 등으로 실현되지 못하였다. 동경경편지하철 회사에서 우에노에서 아사쿠사간 지하철 건설공사를 시작한 것은 1925년 9월이었고 1927년 12월에 개통되었다. 1934년 6월 신주쿠까지 노선을 연장하였다. 제2차 세계대전 중에는 건설이 중단되었으나 1951년에는 순환선의 건설이 개시된 것을 시작으로 그 후 많은 노선이 신설, 개통되었다.

그림 28 독일 베를린 우반(U-bahn)의 지하철역 승강장의 모습

런던의 명물 이층버스와 블랙캡

런던을 대표하는 대중교통수단으로는 지하철이 있지만 런던을 상징하는 대표적인 색채를 가진 것은 이층버스와 블랙캡 택시이다.
런던의 이층버스는 1947년 개발되어 반세기가 넘도록 런던의 상징으로 자리 잡았다. 런던의 도심은 어두운 중성색으로 대중교통을 통하여 강조색을 더한 것이 런던이다. 그러나 이러한 이층버스도 노후되었고 사고의 위험이 커지자 2005년 관광용으로만 남겨두고 정식운행을 폐지하였다. 이제는 굴절버스와 신형이층버스로 완전히 대체되었다. 신형이층버스는 색채에 있어서는 기존의 버스색채를 따랐고, 안전과 편의시설 측면에서 보강되었다.
런던의 택시인 블랙캡도 변화를 맞이하였다. 검은색 중심의 택시가 다양한 색채로 확장되었고 여성을 위한 전용택시도 만들어져 핑크색으로 도장하였다. 그러나 아직도 검은색이 주류를 이루고 있으며 시가지경관에 맞게 어두운 색조가 주류를 이루고 있다. 특히 차종이 오랜 시간동안 동일하였기 때문에 색채뿐만 아니라 형태에 있어서도 일관성과 정체성을 지켜왔다. 런던은 지하철, 버스, 택시 등의 색채일관성을 통하여 공공디자인의 선진국으로의 명성을 가지고 있다.

그림 29 런던을 상징하는 이층버스와 블랙캡

뉴욕의 상징 옐로우캡

뉴욕의 택시는 모두 노랑색으로 옐로우 캡(Yellow cab)이라고 부른다. 전통적으로 뉴욕은 건축물과 거리환경이 어두운 중성색으로 노란색 택시는 가장 명시도가 높은 배색이라고 할 수 있다. 택시의 차종을 고정하고 색채를 단색의 원색으로 고정함으로써 관광객이나 내국인 모두가 쉽게 택시와 일반 자동차를 구분할 수 있다. 뉴욕에서의 택시는 색채적으로 하나의 코드이며 문화로 자리잡았다. 많은 도시에서 택시색채 디자인을 할 경우 항상 벤치마킹 대상이 되며 런던의 블랙캡과 함께 세계적인 명물이다.

참고문헌

•최인규, 역사로 보는 공공디자인, 도서출판가인, 2008
•서울특별시 상징개발연구 보고서, 서울특별시청, 2008
•서울색 정립 및 체계화 연구보고서, 서울특별시청, 2008
•월간 퍼블릭디자인 2008년 5월, 2008

그림 30 미국 뉴욕의 옐로우캡

도시와 그래픽디자인은 어떠한 관계를 가지고 있는가?

서체는 도시에서 어떻게 활용되고 있는가?

도시정보는 인간과 어떻게 커뮤니케이션하고 있는가?

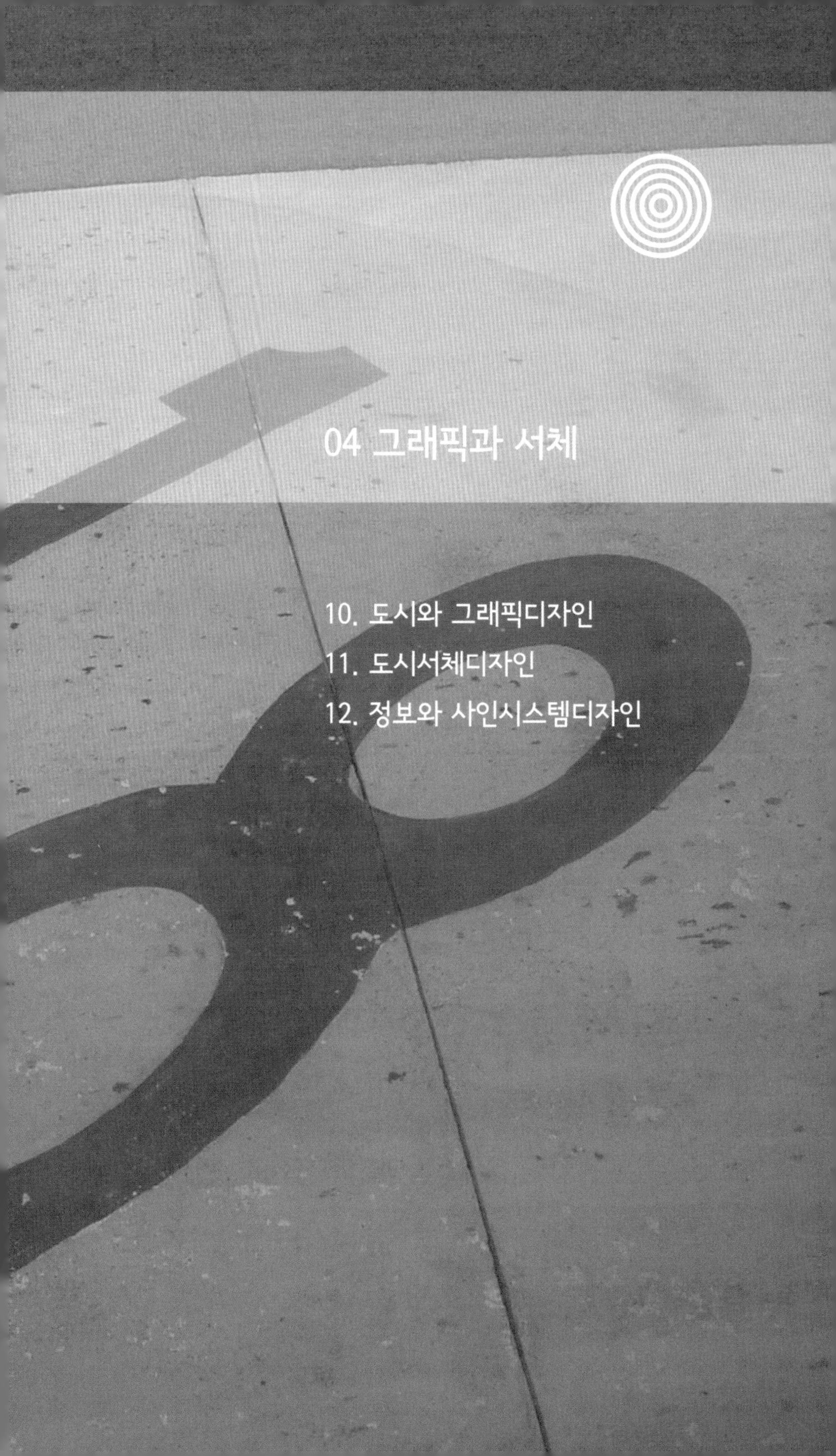

04 그래픽과 서체

10. 도시와 그래픽디자인
11. 도시서체디자인
12. 정보와 사인시스템디자인

10. 도시와 그래픽디자인

아이소타입(ISOTYPE)은 오스트리아 빈의 박물관장 오토 노이라트가 1920년대에 제창한 것으로서 간략화 된 도형을 가지고, 국제적으로 통용할 수 있는 언어를 만들고자 하였다. 처음에는 비엔나법(Vienna method)이라고 불렸으며, 아이소타입이란 이름은 노이라트가 1934년에 네덜란드로 이주한 후 채택하였다. 시각커뮤니케이션에서 아이소타이프의 공헌은 그림언어의 사용을 형식화하기 위한 일련의 약속, 규정들을 만들어냈다는 점이다. 여기에는 그림의 구문론과 단순화된 그림문자의 디자인 개념이 포함된 것이다. 아이소타입은 1930년대에 널리 보급되어, 오늘날에도 통계도표나 교과서 등에 유효하게 사용되고 있으며, 표지심벌마크의 표현에도 크게 영향을 미쳤다.

아이소타입은 픽토그램과도 관련이 깊다. 픽토그램은 그림문자의 일종으로, 사물, 시설, 행위, 개념 등을 상징적 그림문자로 나타내 대상의 의미를 시각적으로 쉽고 빠르게 인식할 수 있도록 만든 그림문자이며 상징문자이다. 픽토그램의 개발목적은 대상의 의미를 가장 정확하고 빠르게 전달할 목적으로 만든 그림언어이다. 따라서 인종과 언어를 뛰어넘어 누구라도 픽토그램을 보기만 하면, 그것이 무엇을 뜻하는지 공감할 수 있어야 한다. 이런 점에서 픽토그램은 국제적 기호체계이며 상징체계이다.

그림 31 루에디바우어가 디자인한 공항을 위한 픽토그램

태극기 디자이너 고종

태극기는 1883년에 조선의 국기로 채택되었고, 1948년부터 정식으로 대한민국 국기로 사용되고 있다. 국기 제정 논의가 처음으로 거론된 것은 1876년이다. 일본과 강화도조약 체결이 논의되는 동안 일본 측은 운요호에는 일본 국기가 게양되어 있었는데 왜 포격을 가했냐는 항의가 있었다. 그러나 조정의 인사들은 국기가 의미와 내용을 몰랐으며, 이를 계기로 국기제정의 필요성이 거론되기 시작하였다.

태극기의 효시는 1882년 8월 9일 수신사인 박영효 일행이 인천에서 일본 선박 메이지마루선을 타고 도일할 때, 박영효가 태극사괘를 창안하고 도안한 것으로 알려졌다. 그러나 1882년 10월 일본에서 발행된 일간신문 시사신보(時事新報)에서 고종이 직접 도안을 하고 색깔까지 지정하였다는 보도를 한 사실이 밝혀졌다. 이에 따르면, 중국 청나라의 마건충이 청나라의 국기를 본받아 조선의 국기를 만들 것을 강요하자, 이에 분개한 고종이 청나라의 국기를 따르지 않고 청색과 적색으로 이루어진 태극원과 사괘를 그려 국기로 정한다는 명을 내렸다고 한다. 고종황제는 국기 도안에 대하여 독창성을 발휘하여 도안의 방향에서부터 재질의 선택에까지 상세하게 지시하였다.

그림 32 고종 때 외무담당 미국인 데니의 태극기, 1890년

11. 도시서체디자인

유럽에서는 1920년대 새로운 타이포그래피인 산세리프체 스타일이 홍수를 이루었다. 영국의 산세리프체인 레일웨이체는 에드워드 존스턴이 1916년에 의뢰를 받아 제작한 런던지하철의 전용서체이다. 이 활자체는 런던지하철을 선전하는 광고 간판과 그래픽에 지금까지 사용되고 있다. 또한 레일웨이체는 에릭길에 의해 디자인된 길산스 시리즈에도 영향을 주었다.

기하학적인 구조의 산세리프 활자체들이 1920년대에 독일에서 디자인되었다. 이 중 가장 성공한 것은 파울 레너가 디자인 한 15종의 알파벳에 의한 푸투라(Futura) 체이다.

헤르만 차프는 1940년대에서 50년대에 디자인한 3가지 활자체는 20세기 중요한 활자디자인으로 인정받고 있다. 먼저 팔라티노(Palatino, 1950)는 폭이 넓은 글자와 예리한 세리프, 그리고 베네치안 활자체를 연상케 하는 세련된 로만체 스타일이다. 둘째, 멜리오르(Melior, 1952)는 수직선의 강조와 사각형에 가까운 형태로 초기의 모델에서 벗어나고 있는 모던스타일이다. 획이 뾰족하고 굵고 가는 산세리프체인 옵티마(Optima, 1958)는 20세기 후반기에 있어서 가장 독창적인 활자 디자인 중의 하나로 인정받고 있다.

영국의 모노타이프 코오퍼레이션과 캠브리지 대학 출판부의 타이포그래피 고문이었던 스탠리 모리슨은 1931년에 런던의 더 타임즈(The Times)지의 위탁으로 신문 및 잡지용 활자디자인을 감독하였다. 타임즈 뉴로만(Times New Roman)이란 이름으로 불려진 이 활자를 개발하였고 1932년 10월 3일자 더 타임즈에서 처음 사용되었다.

유럽에서의 서체디자인은 두 가지 축으로 발전하였다. 개인 기업의 아이덴티티와 상업적인 목적을 가지고 개발하는 서체와 공적인 영역에서 공공디자인을 위한 서체로 발전하였다. 특히 사회간접자본인 철도, 지하철, 각종의 도시정보사인을 위해 사용된 것이다. 파리에서는 파리지엔이라는 서체를 개발하여 파리 메트로를 중심으로 사용하면서 도시정체성을 강화시켰다. 뉴욕은 헬베티카를 기본으로 하는 지하철 서체를 지정하였고 이 지하철 사인시스템은 뉴욕의 모마(MoMA)에 전시되고 있다. 벨기에의 브뤼셀의 경우에도 브리셀라인(Brusseline) 서체를 만들어 지하철과 도시기반시설에 사용하고 있다. 독일과 미국의 경우에는 고속도로 표지판을 위한 전용서체가 있으며 안전과 가독성을 최대한 높인 서체를 사용하고 있다.

그림 33 파리의 표준서체인 파리지엔

그림 34 뉴욕 모마(MoMA)에 전시된 자동차와 지하철 사인

Brusseline

그림 35 벨기에 브뤼셀의 지하철 전용서체인 브뤼셀라인(Brusseline)

그림 36 독일의 표준전용서체인 DIN

그림 37 미국의 도로사인의 표준서체인 하이웨이 크리어뷰(Highway Clear View)의 용례

그림 38 미국의 도로사인의 표준서체인 하이웨이 크리어뷰(Highway Clear View)

서울의 한글실험 서울서체

서울시는 2008년 서울서체를 개발하였다. 선비정신과 한옥구조의 전통적 아름다움에서 모티브 잡아서 개발하였다. 서울서체명은 서울의 대표자산인 한강과 남산의 이름으로부터 유래하였다. 서울시는 전용고유서체를 개발함으로써 각종 공공기관의 현판, 보행자 안내 사인, 공문서의 헤드라인, 상장 및 서식류 등 다양한 부분에 적용하였다. 특히 서울시청현판, 통합지주, 사설안내사인 등에 사용함으로써 실효성을 높이고, 확산하는데 주력하였다. 서체는 공공디자인의 대표적인 펀더멘털로 그 영향력이 매우 크다. 우리나라는 한글이라는 전용글자를 가지고 있을 뿐만 아니라 그 글자의 형태에 있어서도 매우 과학적이며 독창적이다. 이러한 한글을 도시를 통하여 하는 실험이 문화적 우수성과 정체성으로 승화되는 것이 필요하다.

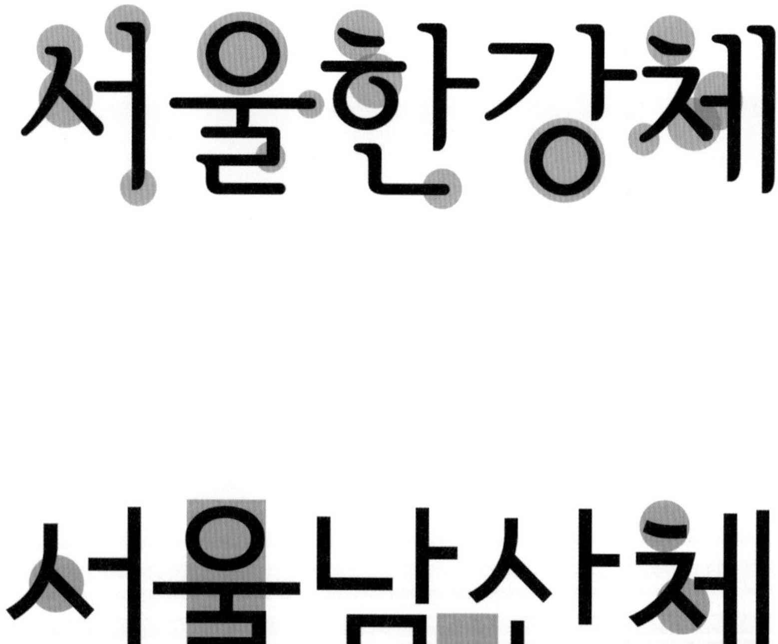

그림 39 서울서체
서울서체는 명조계열인 서울한강체와 고딕계열인 서울남산체로 구성되어 있으며 서울의 정체성과 서체표준화를 위해 개발하였다.

도시키워드 도시슬로건

많은 도시들은 도시슬로건을 가지고 있다. 서울의 하이서울(Hi Seoul), 뉴욕주의 아이러브뉴욕(I live NY), 런던의 토털리 런던(Totally Lond ON), 베를린의 비 베를린(Be Berlin), 네덜란드 암스테르담의 아이 앰스테르담(I amsterdam) 등 친숙한 도시슬로건을 가지고 있다. 도시슬로건에 의해서 도시를 정의하고 친숙하게 다가갈 수 있다.

뉴욕시의 슬로건으로 자주 오해를 받는 뉴욕주의 도시슬로건인 아이러브뉴욕은 의미가 매우 쉬우면서도 감동적이다. 특히 사랑을 의미하는 하트와 빨강색은 어떤 도시의 슬로건보다도 강력하다. 여러 도시들이 아이러브뉴욕이 동기가 되어 많은 슬로건을 만들지만 정작 중요한 것은 도시의 정체성과 도시색채를 잘 들어내고 있는가이다. 현대도시는 매우 복잡하고 하나의 언어로 정의하기에는 매우 힘들다. 그러나 도시슬로건은 이 복잡함을 일소에 해소하고 그 도시를 재정의 해주는 역할을 한다.

그림 40 뉴욕주의 슬로건 I Love New York
뉴욕시의 슬로건으로 자주 오해되는 뉴욕주의 슬로건의 팝디자인의 거장인 밀턴 그레이서(Milton Gracer)에 의해 디자인되었다.

베를린의 비 베를린은 관광과 홍보를 위해 다양하게 응용되고 있으며 사회 캠페인적인 성격을 가지고 있다. 암스테르담의 아이 앰스테르담은 도시조형물로 도시의 곳곳에 설치되어 도시슬로건이 도시조각품으로 시민과 관광객에게 다가서고 있다. 슬로건은 하나의 구호이지만 그 응용분야는 무궁무진하다.

그림 41 베를린시의 도시슬로건 비 베를린(Be Berlin)

그림 42 암스테르담의 도시슬로건 아이 앰스터르담(I amsterdam)

12. 정보와 사인시스템디자인

세계의 많은 도시들이 읽기 쉬운 도시를 추구하고 있다. 그러나 잘 읽히는 도시라는 것은 다양한 해결책과 방법론을 가지고 있다. 읽기 쉬운 도시가 되기 위해서는 도시의 구조가 매우 중요하다. 도시는 인간의 머리 속에서 잘 연상할 수 있어야 읽기 쉬운 도시가 되는 것이다. 잘 읽히는 도시를 만들기 위해서는 문자의 힘이 크다.

영국의 브리스톨시는 1996년 이해하기 쉬운 도시 브리스톨 만들기 프로젝트를 통한 도시정보와 길 찾기에 대한 시스템을 구축하여 읽기 쉬운 도시 브리스톨을 만들었다. 유럽의 도시들은 상업과 문화적 중요성을 깨닫고 있으며 도시 간 경쟁이 점점 치열해지고 있다. 도시정보를 다루는데 있어서 유럽의 도시들은 항상 시민을 가장 먼저 고려하고, 사람들의 이해도를 반영하며, 도시의 형태를 유지하는 것이다. 이것이 유용하고 흥미를 끄는 아이덴티티, 정보, 그리고 교통에 대한 프로젝트로 실현되는 것이다.

그림 43 읽기 쉬운 도시 브리스톨을 만들기 위한 각종 지도 및 사인시스템을 정비하였다.

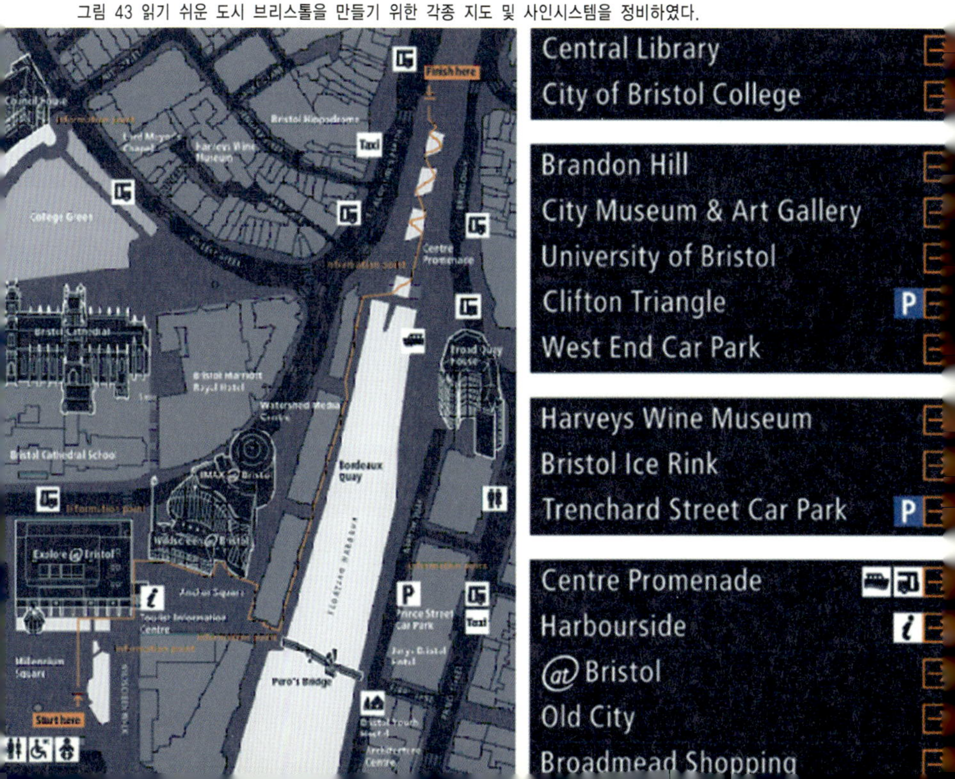

세계 지하철노선도의 표준 런던지하철

런던의 지하철 노선도는 세계의 표준이 되었다. 쉽게 이해할 수 있고 자기가 뜻하는 목적을 시각적으로 쉽게 성취할 수 있다. 이러한 런던 지하철도는 1933년에 새로운 지하철 도로망 지도의 시험적인 인쇄로 시도되었다. 디자이너인 헨리 벡(Henry C. Beck)은 지리상의 위치에 충실하기보다는 도해에 치중하는, 원래의 청탁사항과는 거리가 먼 디자인 안을 제시하였다. 구불구불한 선로를 수평선, 수직선 45도의 대각선으로 약화 하였다. 각 노선은 선명한 색으로 지정하여 다른 노선과 구별하도록 하였다. 벡은 27년이 넘게 런던 지하철 지도를 개선하고 수정하면서 다이어그램과 철도망의 시각적 표현에 중대한 공헌을 하였다.

런던의 지하철지도도 초기에는 도시의 형태와 거리에 영향을 받았다. 그러나 도시가 확장되고 정보가 많아지면서 시민들이 인지하기 위한 새로운 인식체계가 필요하였다. 런던의 지하철 지도는 그러한 고민의 결과로 나타난 것이며 인간의 멘털 모델과 지도를 일치시킨 것이다.

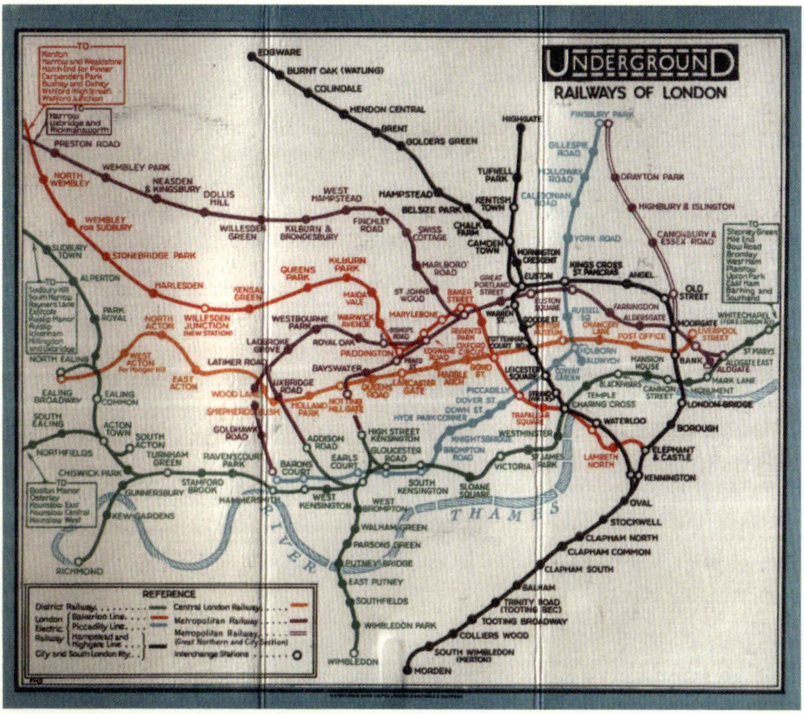

그림 44 1920년대 후반의 런던지하철 지도로 지리적인 런던의 공간을 그대로 표현하려고 하였다.

영국의 철도와 런던의 지하철지도는 서로 연계성을 가지고 개발되었으며 아이덴티티 시스템도 공유하여 쉽게 읽을 수 있는 교통시스템을 개발하였다. 현재 런던지하철은 구역과 요금체계 다양한 정보를 담기 위해 초기와는 원리만 같고 다양한 방법이 동원되었다.

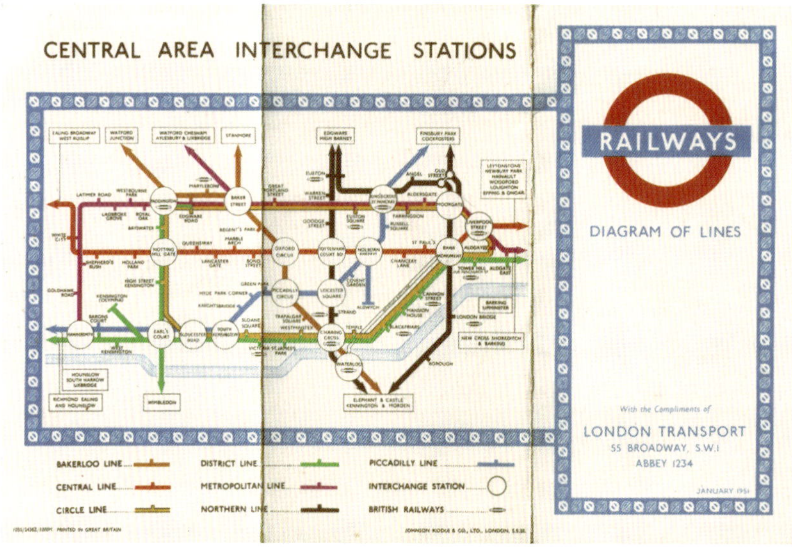

그림 45 1950년대 후반의 런던의 레일웨이 지도

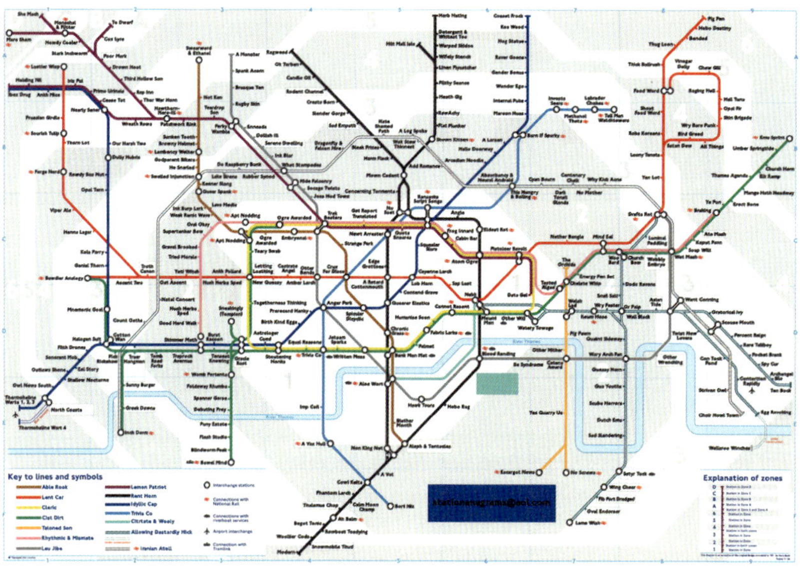

그림 46 2008년 런던의 튜브맵

안내사인을 통합하라

안내사인시스템은 그 도시의 서체와 문화적 수준을 알아볼 수 있는 시금석이 된다. 선진도시인 런던, 파리, 베를린, 뉴욕 등은 서체의 사용에 있어 일관성이 있으며, 안내사인의 크기와 색채, 조형에 있어서도 고민한 흔적을 찾아 볼 수 있다. 안내사인은 한번 설치되면 오랜 시간을 유지하여야 한다. 그렇기 때문에 도시이미지와 경관에 크게 영향을 미친다.

도시의 안내사인은 정보에 있어서도 공공성을 유지하여야 한다. 도시의 아주 세세한 정보는 지도를 통하여 제공되는 것이 바람직하며, 공공성이 강하고 대중의 편리에 중요한 정보만을 안내사인에 추가하여야 한다. 시민들이 꼭 필요로 하는 편의시설인 공원, 화장실, 가장 중요한 교통수단인 지하철, 공공성이 강하여 쉽게 이동하지 않는 공공기관 등이 우선 기록되어야 한다. 또한 준 공공기관인 학교, 사설 박물관 등도 문화적인 차원에서 안내사인에 추가되고 있다. 안내사인의 디자인은 로우테크이지만 디테일을 살펴보면 그 도시와 국가의 수준을 알 수 있다. 설치과정에서의 세심한 배려가 사려깊은 도시로 만드는 것이다.

그림 47 사인의 구조가 안정적이고 읽기 쉬운 영국 런던의 안내사인

서울시는 사설안내표지의 근본적인 개선을 위해 시행한 표준디자인 매뉴얼 개발사업을 진행하였다. 그동안 시설물 설치주가 개별적으로 설치해 오던 기존 방식에서 벗어나 허가 및 관리를 담당하고 있는 자치구에서 표준디자인으로 직접 설치하고 자치구 심의위원회 심의를 통해 허가 대상을 제한하여 무분별한 설치를 차단할 예정이다. 또한 새로 개발한 표준디자인은 보행자를 우선적으로 고려하여 마련된 것으로 시민들의 보행 불편을 최소화하고 가로경관을 개선하기 위하여, 지주 설치를 최소화 하도록 가로등 지주 등 기존 지주에 통합 설치하도록 하였으며 표지판 디자인에는 서울서체와 서울색을 적용하여 서울의 정체성을 반영하였다.

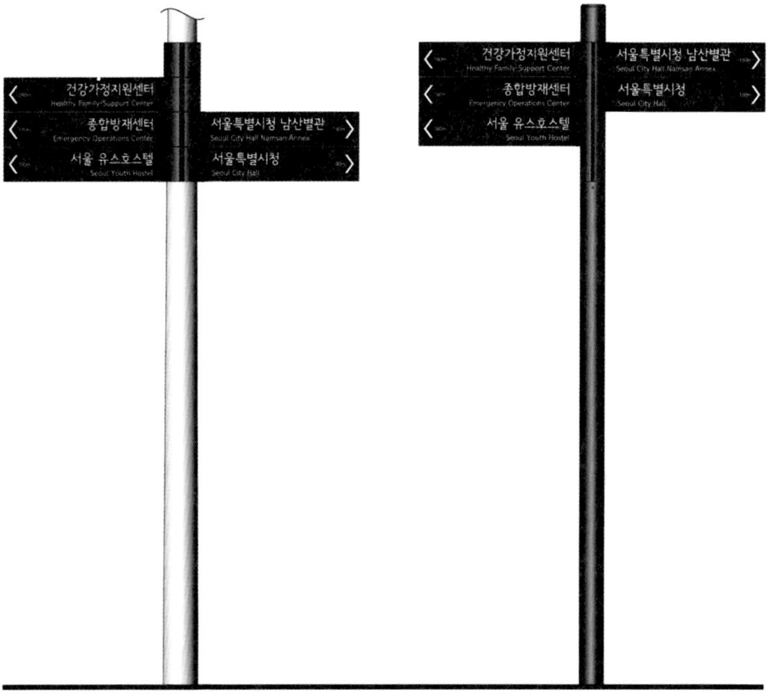

그림 48 서울시가 개발한 사설안내사인 표준디자인
서울남산체를 활용하였으며 정온한 도시를 만들기 위해 색채는 채도와 명도가 낮은 색채를 선정하였다.

참고문헌

•서울특별시 상징개발연구 보고서, 서울특별시청, 2008
•서울색 정립 및 체계화 연구보고서, 서울특별시청, 2008
•서울 도시디자인 기본계획 자료집, 서특별시 주택국, 2006
•사설안내표지 표준디자인 매뉴얼, 서울특별시청, 2008

공공공간에는 어떠한 것이 있으며 오픈스페이스의 역할은 무엇인가?

공공건축물은 도시공간문화에 어떠한 역할을 하는가?

랜드마크의 개념은 무엇이며 도시에서 어떤 역할을 하는가?

05 공간

13. 도시와 공원

공공의 공원이 출현하게 된 것은 근대의 일이다. 중세 이후 영국의 왕후나 귀족들이 소유하고 독점 사용하였던 수렵장이나 대규모 정원을 19세기 중반에 일반에게 공개한 것에서 비롯된다. 이 경향은 점차 유럽으로 확대되었으며 런던의 하이드파크, 리젠트파크, 파리의 부아 드 불로뉴, 퐁텐블로, 빈의 프라터, 베를린의 티어가르텐 등이 그 예이다.

공원의 종류에는 크게는 자연적지를 조성한 자연공원과 인공적으로 조성한 도시공원으로 분류할 수 있다. 자연공원은 대자연의 변이에 따라 자연적으로 조성되어 세월에 의해 만들어진 나무와 숲, 자연암석과 계곡, 시내와 폭포 등이 조화롭게 있는 공원을 말한다.

도시공원의 발생은 산업혁명 이후의 불결한 도시환경을 극복하기 위한 해결책이었으며, 깨끗한 공기와 푸른 녹지의 중요성을 인식하게 된 결과이다. 그 후 대도시의 시민에게 쾌적한 자연환경을 만들어 주어 심신의 휴양을 할 수 있도록 계획적으로 공원을 설치하였다. 뉴욕의 중앙에 있는 센트럴파크가 계획공원의 예이다. 그 후 다른도 나라 도시의 내부 또는 주변에 공원을 설치하게 되었고, 근대도시계획에 의한 공원계통이 확립된 것은 20세기에 들어서 일이다.

그림 49 시민의 휴식처 공원으로 바뀐 퐁텐블로 궁전과 정원

맨하탄 오픈스페이스 센트럴 파크

뉴욕 맨하탄의 센트럴파크(Central Park)는 사각형의 길쭉한 시민 도시공원이다. 그 주위에는 뉴욕 메트로폴리탄 박물관, 솔로몬 구겐하임 박물관 등과 같은 문화시설과 더불어 그 내부에는 숲, 연못, 잔디, 정원, 동물원, 시립미술관 등이 있다. 1850년 시장선거부터 공원건설의 움직임이 활발해졌으며, 그 후 1860년대에 완성되었다. 공원디자인은 주로 F.L.옴스테드와 C.복스에 의하여 진행되었다. 조경 공학적 설계로 조성된 센트럴 파크는 건설 당시 세계에서 가장 큰 공원의 하나였다.

센트럴 파크의 가장 큰 역할은 바쁜 도시에 여유를 제공하는 일이다. 맨하탄은 세계적으로 가장 복잡한 도시 중에 하나이며 높은 빌딩이 가장 많은 도시 중에 하나이다. 이러한 빌딩숲에 자연의 숲을 대비시킴으로써 맨하탄의 도시 완성도는 한층 높아졌다. 도시는 기본적으로 주거공간, 사무공간, 휴식공간, 유희공간을 골고루 갖추어야 한다. 휴식공간이 결여된 도시는 좋은 도시가 아니며, 즐겁고 편안한 도시로 발전하기 위해서는 여유를 느낄 수 있는 오픈스페이스가 필수적이다.

그림 50 뉴욕 맨하탄에 있는 센트럴파크(Central park)

1851년 런던 대 박람회장 하이드파크

하이드파크는 영국 런던의 중심부에 있는 가장 큰 공원 중의 하나이며, 런던 왕립 공원중의 하나이다. 여기에 있는 연설자의 코너는 유명하다. 이 공원은 서펜타인이라는 길죽한 인공호수를 중심으로 둘로 나눌 수 있다. 공원은 켄싱턴 가든과 이어져 있다.

하이드파크는 400년의 역사를 자랑하는 공원으로 헨리 8세의 사냥터를 자끄(Jacques) 1세가 공원으로 탈바꿈 시켰다. 동쪽으로 피카딜리 거리, 남쪽으로 켄징턴 거리, 북쪽으로 옥스퍼드 거리와 연결된다. 서벤타인은 1730년 조지 2세의 부인 캐롤린(Caroline)이 만든 호수로, 이름에는 뱀처럼 구불구불하다는 의미가 담겨져 있다.

하이드파크는 1851년 런던 대 박람회장이었으며, 이를 위해 조셉 팩스턴은 수정궁(Crystal palace)을 디자인하였다. 런던 대박람회는 미술공예운동을 일으키게 하는 계기가 되었다. 하이드파크는 런던에서 일어나는 다양한 일이 벌어지는 주요 장소이고 런던의 대표적인 공원이며 자연의 중요성을 인식하고 도심에 건설한 도시공원이기도 하다.

그림 51 영국 런던의 하이드파크 러버체어(Lover chair)

베를린 시민공원 티어가르텐

티어가르텐(Tiergarten)은 베를린 중앙에 있는 공원으로 과거에는 선제후들의 사냥터로 이용되었던 곳이었다. 그러나 1830년부터 공원으로 바뀌었으며 공원 곳곳에서 국가의 통치가들과 예술가들의 기념상들이 설치되어 있다. 공원 한 가운데에는 1864년 프로이센-덴마크 전쟁에서 승리한 것을 기념하기 위한 전승기념탑이 세워졌는데 맨 꼭대기에 골델제라고 불리는 금박을 입힌 인물상이 세워져 있고, 이곳에 오르면 베를린 시내의 전경을 한눈에 내려다볼 수 있다. 녹음이 우거진 산책로와 화단이 조성되어 있어서 베를린 시민들에게 좋은 휴식처가 되었다.

독일은 전통적으로 자연과 공원, 숲의 중요성을 일찍부터 인식해 왔다. 도심에 공원을 만드는 것이 아니라 자연에 도시를 건설하는 것이 더 옳은 표현일 것이다. 독일에서 공원은 시민생활의 일부분이며 도시경관 중에서 가장 존중되는 경관이기도 하다. 자연에 의해 만들어진 오픈스페이스는 계절에 따라 다양한 색채와 분위기를 제공하며 도시의 훌륭한 안식처이다. 미래 공원의 또 다른 중요한 역할 중의 하나는 자연과의 연결점이며 그린웨이를 구성하는 중요한 결절점이라는 것이다.

그림 52 티어가르텐(Tiergarten), 독일 베를린

베르나르 츄미의 라 빌레트 공원 프로젝트

1983년 파리 근교에 있는 라 빌레트 공원 국제 현상공모가 있었다. 라 빌레트 지구의 개발은 가축장 유적지에 대규모 공원을 조성하고 음악센터와 과학산업 박물관을 건설하는 계획이다. 이 공원의 설계공모에서는 전통적인 조경기술로서의 제안이 아니라 옥외극장, 레스토랑, 아트갤러리, 각종 워크숍, 비디오 센터 등 다양한 기능을 복합한 하나의 도시를 만드는 일이다. 이것은 도시 인프라의 구축이기보다는 눈으로 보면서 체험할 수 있는 시각적이고 운동적인 인프라 계획이다.

라 빌레트 공원 현상공모에 당첨된 츄미의 설계안은 점선면으로 구성된 각각의 평면을 중첩시켜 설명하고 있다. 폴리(poly)라고 불리는 점은 모두 빨간색으로 칠해진 소규모 건축물로 부지 내에 격자패턴으로 배치된다. 선은 구부러져 있으며 고저의 차이가 있는 사람이 걸어 다니기 위한 프로나드(promenade)이다. 츄미는 이 건축물을 통하여 건축에서는 공간자체 보다도 그 공간에 펼칠 수 있는 이벤트가 더 중요하다고 강조하였다.

추미의 라 빌레트 공원은 도시공원의 새로운 시도이며, 인간의 행동패턴을 연구하여 프로그램화 한 새로운 개념의 공원이다.

그림 53 베르나르 츄미가 설계한 라 빌레트 공원의 모습

14. 광장과 시장

시장이란 교환과 거래가 이루어지는 장소로 조선시대에는 장시(場市)라고 불렸다. 생활에 필요한 잉여물자를 서로 교환하는 풍습이 언제부터 시작되었는지 명확하지는 않으나 주로 다른 종족이나 생산조건이 다른 동일 종족 사이에서 약탈 또는 상호간의 증여나 조공 등의 형식을 통해 교환이 비롯되었다. 그 후 부족간이나 부족 내부에서의 적대관계가 사라져 평화스러운 교통이 이루어졌으나 상당 기간 동안에 걸쳐 물물교환만이 이루어졌다. 이 물물교환이 거듭된 후 공중 앞에서 공평과 평화를 위하여 시장의 형식을 통한 교환이 이루어지게 되었다. 교환이 이루어지는 장소로는 교통이 편리하고 눈에 띄기 쉬운 표시물이 있는 곳이 이용되었다.

그림 54 노팅햄에 있는 올드 마켓 스퀘어(Old market square)

광장은 도시속의 가장 꾸며지지 않은 공적인 공간이다. 서양의 도시는 광장을 중심으로 발전한 경우가 많다. 광장은 바로 유럽 도시구조를 특징짓는 중요한 공간이다. 고대 그리스에는 아고라(agora)라고 하는 광장이 있었다. 이 낱말은 '사람들이 모이는 곳'이란 뜻이다. 이 뜻과 같이 이곳은 시민생활의 중심지 역할을 하는 곳이어서, 종교, 정치, 사법, 상업, 사교 등이 행해지는 사회생활의 중심지이다. 그 주위에는 공공생활에 필요한 건축물들이 둘러서 있고 회의장, 사원, 점포, 주랑 등이 차지하고 있어서, 자연스럽게 시민들이 모여들었다. 그 내부에는 제단, 조각, 분수와 연못, 나무 등이 있어서 시민들의 휴식 장소가 되기도 했다.

아고라는 도시의 중심부나 항구 옆에 있었는데, 나중에는 시장(市場)을 뜻하게 되었다. 고대 로마의 포럼(forum)도 아고라같이 시민의 사회생활의 중심이 되는 광장이었다. 이 광장은 기능이 세분화되면서, 사법광장(fora civilia), 상업광장(benelie) 등으로 분화되었다.

중세도시에서의 광장은 대성당이나 교회 앞의 교회광장, 왕후나 주요 직분의 저택으로 둘러싸인 시뇨리아(signoria)라는 시민광장, 상업활동이 행해지는 시장광장 등 3가지로 나누어졌다. 시민광장이나 시장광장은 조각이나 기념물, 수반(水盤), 분수 등으로 장식되었다. 르네상스 이후 근세의 도시광장은 그 기능적인 면에서 전정광장, 기념광장, 시장광장, 교통광장, 근린광장 등으로 구분되었다.

서울은 광장이 매우 부족한 도시이다. 또한 광장의 문화가 아직 다양하고 세련되지 못하다. 이제 역사를 기반으로 만들어지는 광장들은 의미를 담아내는 작업이지만 우리에게 필요한 것은 서울의 삶을 잘 표현할 수 있는 광장인 것이다.

그림 55 도심재창조 사업의 일환으로 역사문화축에 해당하는 광화문광장 조성사업 계획안

15. 랜드마크 디자인

랜드마크(landmark)는 사전적 의미로는 표지물을 가리킨다. 그러나 도시에서는 일반적으로 주위 경관 중에서 두드러지게 눈에 띄기 쉬운 특이성을 가진 건축물이나 기념물을 가리킨다. 랜드마크의 유형에는 역사성이 있는 랜드마크, 조형적으로 뛰어난 랜드마크, 사건이나 이야기에 의해서 생긴 랜드마크 등이 있다. 그러나 도시가 공간적으로 랜드마크를 갖기 위해서는 많은 시간이 소요되기 때문에 최근에는 도시전략적으로 랜드마크를 구축하는 사례가 많아졌다. 스페인의 빌바오 구겐하임박물관이 대표적이다.

각 도시에는 위치적으로 성격이 다른 랜드마크를 갖게 된다. 우선 도시의 중심에 있는 산은 자연스럽게 랜드마크로 작용한다. 또한 가장 높은 고층의 빌딩도 20세기에 항상 주목을 받는 랜드마크였다. 두바이에 세워지고 있는 초고층 빌딩도 완공도 되기 전에 랜드마크로의 역할을 하고 있다. 그러나 진정한 그 도시의 랜드마크가 되기 위해서는 양적이고 스케일의 문제만 중요한 것이 아니라 도시스토리와 역사적 맥락이 존중되어야 한다. 장소성은 단순한 건축물에 의해 만들어지는 것이 아니라 하드웨어적인 것과 프로그램에 의한 소프트웨어적인 것이 결부되어야 한다.

그림 56 프랑크게리가 설계한 빌바오 구겐하임박물관

구겐하임박물관은 빌바오의 랜드마크로 스페인의 작은 도시가 이 건축물의 힘으로 세계적인 관광도시가 되었다.

일본의 카리브해 오션돔

일본에 있는 오션돔(ocean dome)과 같이 여름도 만들어 지고 있다. 일본 미야자키현(宮崎縣)에 있는 세계 최대의 전천후형 실내 수상공원으로 1993년에 개장하였다. 오션돔은 길이 300m, 폭 100m, 높이 38m의 지상 3층 건물로, 한꺼번에 1만 명의 인원을 수용할 수 있다. 오션돔 안은 카리브해를 모방한 여름 낙원으로, 1년 내내 실온은 30도, 수온은 28도로 유지하고 있다. 총 수면면적은 8,790㎡, 보유수량은 1만 5826t이다. 주요시설로는 인공의 바다 그레이트 뱅크와 워터스크린 등이 있으며, 조파 등에 의한 나이트쇼와 서핑쇼 외에 계절에 따라 수영복 차림으로 즐길 수 있는 이벤트 등이 마련되어 있다.

오션돔은 자연과 계절에 대한 인간의 새로운 도전이다. 계절적 현상을 인공적으로 조절하고 사람들을 안정적으로 끌어들이기 위한 공간 전략이기도 하다. 오션돔, 스키돔(ski dome)은 여름과 겨울의 계절감을 인공적으로 구현한 엔터테인먼트형 랜드마크이다.

그림 57 일본 실내수상공원 오션 돔(ocean dome)

일본 미야자키현[宮崎縣] 미야자키에 있는 세계 최대의 전천후형 실내 수상공원(水上公園)으로 1993년에 개장하였다. 오션돔은 한꺼번에 1만 명의 인원을 수용할 수 있다. 돔 안은 카리브해를 모방한 상하(常夏)의 낙원으로, 1년 내내 실온은 30°, 수온은 28°로 유지하고 있다.

강을 느끼는 야외풀장 바데쉐프

베를린 있는 스프레(Spree)강 동쪽에는 바지선을 재활용하여 강 위에 시민 수영장을 만들었다. 폭 8m, 길이 32m 크기의 이 수영장을 바데쉬프(Badeschiff)라고 하는데 베를린시의 아트 프로젝트로 2004년에 개장하였다. 이 공간은 영어로는 수영장 보트(swimming ship)를 의미한다. 베를린 아티스트 수산네 로렌즈(Susanne Lorenz)의 작품으로 수영장의 수면과 강의 수면과 비슷하게 맞추어, 마치 강에서 수영하는 느낌을 준다. 여름에는 자정까지 열기 때문에 베를린의 야경을 보며 여름밤을 즐길 수 있다. 2005년에는 건축가 길 빌크(Gil Wilk)에 의해서 돔을 만들어 사우나로 변신하였다. 겨울에 베를린 강가에서 수영하는 기분을 맛볼 수 있는 것이다. 시민을 위해 계절을 만드는 시의 노력이기도 하다.

강은 우리에게 편안함과 심리적 위안을 준다. 이러한 강에 들어간다는 것은 자연과 동화되어 한 몸이 되는 과정이다. 그러나 자연의 위엄이 있는 강을 조금은 유머스럽고, 조금은 간접적으로 강을 체험하는 것은 어느 곳에서도 맛볼 수 없는 즐거움이다. 시민에게 제공하는 휴식은 자연스러울수록 그 매력이 강력하다.

그림 58 베를린 슈프레 강에 있는 바데쉐프, 독일

놀라움과 감탄의 크리스털 월드

크리스털 월드에 들어가기 전에 관광객들은 이미 입구에서 경탄하게 된다. 전설적인 향취가 묻어나는 역할을 하는 스핑크스 모양의 두상은 형태적으로도 분위기에서도 압도당한다. 특히 계절감을 느낄 수 있는 두상은 항상 똑같은 모양을 하고 있지 않기 때문에 계절마다 감흥이 다르다. 또한 인공 호수로 떨어지는 폭포는 마치 두상이 혀를 길게 빼어 떨어뜨리는 것 같아서 감동이 새롭다.

크리스털 월드의 실내로 들어가면 첫 번째 전시실에는 세계에서 가장 큰 크리스털 제품이 전시되어 있다. 그 다음 들르게 되는 곳은 크리스털 유리로 지은 극장인데 크리스털 유리로 제작할 수 있는 온갖 종류의 물건들이 3차원 입체 영상으로 보여준다. 스왈로브스키 크리스털로 제작한 새와 물고기 각종의 동물들이 전시되어 있다. 크리스털 월드에서 가장 감명을 받는 곳은 크리스털 돔이다. 두 종류의 컨셉트 라인이 복합적으로 표현되는데 걸으며 체험하는 만화경인 이곳은 수백개의 거울로 되어 있어 관광객들에게 감동을 더한다. 크리스털 월드는 일탈로의 즐거움과 낯선 즐거움이 있는 장소이다.

그림 59 스와로브스키 크리스털월드, 오스트리아 티롤

환유의 공간 동대문디자인플라자&파크

동대문운동장은 1926년 일제에 의하여 서울성곽을 허물고 건립된 공설운동장이며 1959년 현재 규모의 야구장이 건설되었다. 그러나 시설이 노후되고 종합운동장으로서의 기능이 상실되었다. 동대문주변지역 유동인구의 수용 및 활동을 위한 공연, 전시, 휴식공간 등 오픈스페이스가 부족하여 수준 높은 쇼핑공간으로서의 필수적인 쾌적한 보행환경을 제공하지 못하고 있다. 서울시는 동대문운동장의 기능대체를 위한 지속적인 논의를 한 결과 공원화로 방향을 설정하고 휴식, 녹지, 문화 복합공간으로서의 동대문디자인파크를 조성하고, 높은 부가가치 창출효과를 가진 디자인산업 역량 강화를 위한 동대문디자인플라자 건립사업을 추진하게 되었다.

국제공모에 의해서 당선된 자하하디드(Zaha Hadid)의 환유의 풍경 동대문디자인플라자&파크는 소실되었던 성곽의 흔적을 살리고 건축물과 자연이 일체를 이루는 유기적인 건축물이다.

그림 60 자하 하디드가 설계한 동대문디자인플라자&파크 외부전경과 부분 모습

참고문헌

•크리스티안 미쿤다, 최기철 박성신 역, 제3의 공간, 미래의 창, 2005
•최인규, 역사로 보는 공공디자인, 도서출판가인, 2008

미래도시는 어떠한 체험을 제공할 것이며 어떠한 인터랙션이 일어나는가?

도시공간에서 예술작품은 어떠한 의미를 형성할 것인가?

장소마케팅과 스페이스마케팅은 도시공간에 어떻게 적용될 것인가?

06 체험과 인터랙션

16. 경험과 인터랙션
17. 공간인터랙션과 도시갤러리
18. 장소마케팅과 스페이스마케팅

16. 경험과 인터랙션디자인

인간과 공간이 쌍방향으로 교류하는 환경은 매우 짧은 기간 동안에 널리 퍼지게 되었다. 디지털기술이 구현된 공간으로는 영화속의 마이너리티 리포트(Minority report), 엑시스텐즈(ExistenZ), 매트릭스(Matrix) 등과 애니메이션 속의 공각기동대(Ghost in the shell) 등이 있다. 우리는 이러한 영화들을 통하여 미래 사회를 간접적으로 경험할 수 있으며, 새로운 도시 공간 컨셉을 만날 수 있다. 이러한 미래공간의 공통점은 경험중심의 인터랙션이 중심을 이룬다. 우리가 인지적으로만 느꼈던 사물을 다양한 감각을 통하여 체험할 수 있게 하는 것이다.

기존 마케팅과는 달리 소비되는 분위기와 이미지나 브랜드를 통해 고객의 감각을 자극하는 체험을 창출하는 데 초점을 맞춘 체험마케팅(experience marketing)이 대두되고 있다. 고객은 단순히 제품의 특징이나 제품이 주는 이익을 나열하는 마케팅보다는 잊지 못할 체험이나 감각을 자극하고 마음을 움직이는 서비스를 기대한다. 체험 마케팅에는 5가지 유형이 있는데 먼저 감각마케팅이다. 고객의 감각을 자극할 때 미적인 즐거움에 초점을 맞춘다. 둘째는 감성마케팅이다. 고객의 기분과 감정에 영향을 미치는 감성적인 자극을 통해 브랜드와 유대관계를 강화한다. 셋째는 지성마케팅이다. 고객의 지적 욕구를 자극하여 고객으로 하여금 창의적으로 생각하게 만든다. 넷째는 행동마케팅이다. 체험 행동을 하는 데 다양한 선택권을 알려주어 육체와 감각에 자극되는 느낌들을 극대화하고 고객으로 하여금 능동적 행동을 취하도록 한다. 마지막으로 관계마케팅이다. 브랜드와 고객간의 사회적 관계가 형성되도록 브랜드 커뮤니티를 형성하는 데 중점을 두는 것이다.

미래공간은 체험마케팅의 개념이 도입된 감각공간이어야 한다. 우리는 공간을 통해서 휴식하고, 학습하고, 생활한다. 공간은 무한한 영향력을 가지고 있으며 인간의 감성은 거기에 종속하게 된다. 또한 공간은 다양한 방법으로 확장해 나갈 것이다. 물리적공간의 전자공간화는 물론 가상공간의 확장으로 정신적 공간이 확장될 것이다. 이러한 공간에 끊임없이 관계되는 것은 바로 경험이다. 일방향의 경험이 아닌 쌍방향의 경험이며 경험의 축적을 통해서 문제를 해결하고, 삶을 영위해 나가는 것이다.

그림 61 하노버엑스포, 독일, 2000 전시공간에 서 있는 인간을 감지하여 자유롭게 움직이는 덩어리들은 초기의 인터랙션 유형이다. 쌍방향이라고 하지만 지능이 낮은 단계의 경험이며 인터랙션이다.

그림 62 Vision Tracking 기반의 Track Them Color
필자가 Vision Tracking 기반의 플러그인을 가지고 디렉터로 프로그램화 한 작업이다. 색채를 인식하여 인터랙션 디자인을 할 수 있는 기본프로그램이다.

그림 63 사운드를 기반으로 하여 인터랙션을 디자인할 수 있는 프로그램이다. 위의 프로그램은 사람들의 박수소리를 인식하여 사진작품을 평가하는 작품이다. 프로그램 명은 와(Wa)이다.

17. 공간인터랙션 도시갤러리

철학자 르페브르는 작업으로서의 도시, 참여하는 도시를 역설하였다. 경제성장의 획일적인 가치가 지배하는 도시가 아니라 아름다움으로 삶을 성찰하고, 비평하고 상상할 수 있는 도시여야 한다는 것이다. 공공미술은 건강한 삶을 만들고 아름다운 도시를 만드는 작업이다. 지금까지의 예술가들은 캔버스 안만을 신경을 썼다. 그러나 공공미술과 도시갤러리에서는 캔버스 바깥의 삶에 대해 고민을 하여야 한다. 도시갤러리의 가장 중심에는 도시에 대한 이해와 사랑이 필요하다. 도시는 현대인의 삶을 결정하는 공간 환경이다. 그런 공간 환경은 공공장소의 수준에 의해서 좌우된다.

공공미술은 공개된 장소에서 전시되는 미술의 범주를 넘어서야 한다. 도시와 미술의 새로운 패러다임은 고유한 도시경관을 창출하고 도시공동체의 정체성을 형성하며 다양한 도시문화 활동을 담아내는 공공영역을 디자인하도록 요구한다. 공공미술은 공공장소나 영역에서 도시와 시민이 갖는 관심과 필요를 문화적으로 표현하고 소통하는 행위이다.

이제 예술품은 더 이상 박물관이나 미술관에서 감상하지 않는다. 우리가 일상적으로 걸어 다니는 거리에서 체험하게 되는 것이다. 작품과 감상자의 인터랙션이 실시간으로 일어나며 도시의 추억이 만들어지는 것이다. 이제 더 이상 가두어 있는 작품이 아니라 도시의 경관과 호흡을 같이하는 작품이 거리로 나오는 것이다.

그림 64 정동길 분필아트 담꽃

서울시에서 추진하는 도시갤러리프로젝트에는 덕수궁-정동 아트벨트를 형성하여 공공미술 투어프로그램을 개발하였고, 경복궁-인사동 공공미술 투어를 기획하여 도시공간을 통한 예술작품 감상이 가능하게 하였다.

그림 65 최병훈, 사색의 자리, 덕수궁

그림 66 이상진, 화분, 옥수역

18. 장소마케팅과 스페이스마케팅

장소마케팅(place marketing)은 특정한 장소의 문화, 역사, 자연 등의 특성을 바탕으로 고유 이미지를 창출하고, 이를 부각시킴으로써 기업이나 주거인구, 관광객을 유치하고 만족시키는 모든 종류의 마케팅 활동을 의미한다. 예를 들면 특정한 도시를 장소마케팅 할 때 도시 계획가는 도시를 구성하고 있는 자연, 인공, 문화, 풍속, 역사 등 다양한 소재들을 활용하여 대표적인 고유 이미지를 발굴하여 이를 부각시키고, 이에 따라 도시의 색을 입히고, 도시를 계획, 지역주민의 삶에 있어서 질을 높이고 기업들의 투자와 정착을 유도하며, 외래 인구의 정착, 외래 관광객의 방문 등을 유도하는 종합적이고도 다양한 활동이다. 장소마케팅과 기존 관광분야의 개발계획, 마케팅 계획과의 차이는 기존의 계획이 도시공간계획, 도시개발계획 또는 관광객 유치시설에 관련된 마케팅계획, 홍보계획, 마케팅믹스 등으로 세분화될 수 있지만, 장소마케팅은 이러한 계획을 총망라한 다차원적인 종합계획이다. 일원화된 계획체계를 통해 도시나 시설, 장소를 연출하여 타 도시와 차별화된 특정 공간으로서 거듭나게 하는 계획이다.

스페이스마케팅(space marketing)은 정신적 문화적에 가치에 대한 경제적 효용성을 확인하는 작업이다. 정신적 문화적 가치에 대해 의미가 부여되지 않으면 모방과 정체성이 난무하게 된다. 그러므로 스페이스마케팅은 디자인에 대한 경제적 가치를 확인하는 과정이다. 스페이스마케팅의 범위는 다양하게 적용할 수가 있다. 그것은 국가, 도시, 거리, 건물, 매장 등 모두가 스페이스 영역 안에서 이루어지기 때문이다. 20세기에는 절대적 공급부족으로 인하여 건축물들이 가치가 제거된 채 만들어졌다. 그러나 오늘날 가치가 제거된 도시나 공간, 건축은 가차 없이 소멸되고 있다. 이유는 경쟁에서 살아남지 못하고 외면당하기 때문이다. 스페이스마케팅은 공간과 건축에 정신적 문화적 가치를 부여하고 이를 경제적으로 해석하는 작업이라고 할 수 있다.[2)]

장소마케팅과 스페이스마케팅은 맥을 같이하고 있으며 장소성과 공간성의 의미를 찾고 경제적 문화적 가치를 향상시키는 작업이다. 미래의 공공디자인은 그 물리적 실체와 더불어 정신적 가치에 의해서 평가받을 것이다.

---

2) 홍성용, 스페이스마케팅, 삼성경제연구소, 2007 참고

그림 67 훈데르트 바서, 오스트리아 비엔나 쓰레기소각장
쓰레기소각장과 같은 혐오시설을 디자인을 통하여 극복하고자 하였다.

오스트리아 비엔나시의 경우에는 쓰레기소각장과 같은 혐오시설을 건축과 디자인을 통하여 주민에게 친근하게 다가가고자 하였으며, 이 도시의 랜드마크로 자리잡게 되었다.

참고문헌

•크리스티안 미쿤다, 최기철 박성신 역, 제3의 공간, 미래의 창, 2005
•최인규, 역사로 보는 공공디자인, 도서출판가인, 2008
•홍성용, 스페이스마케팅, 삼성경제연구소, 2007
•서울시 도시갤러리추진단, 도시가 작품이다 서울시 도시갤러리 프로젝트, 2008

9

디자인교육의 패러다임은 어떻게 변화되었는가?

공공디자인 교육과정은 어떠한 특징을 가지고 있는가?

미래 공공디자인은 어떻게 변화될 것인가?

07 공공디자인 교육

19. 디자인교육 패러다임

디자인교육 패러다임은 변화하고 있다. 지식사회, 정보화 사회의 패러다임을 넘어서 통합적 지적 가치가 중요시 되는 사회로 변화하고 있다. 교육패러다임은 새로운 사회적인 문제를 해결하기 위해 진화하고 있으며, 기존의 패러다임의 통합, 재구성, 탈피 등을 통한 새로운 교육적 실험이 이루어지고 있다. 산업디자인과 더불어 공공디자인의 중요성이 날로 더해가고 있지만 공공디자인 교육에 대한 연구와 지식기반의 취약, 변모한 시대의 패러다임과 새로운 기술 환경에의 부적응 등의 다양한 문제점이 있다.
역사적으로 발전해온 교육패러다임(education paradigm)인 항존주의, 진보주의, 본질주의, 구성주의 개념을 살펴보고, 이러한 패러다임의 특징 및 특성을 비교분석하여 공공디자인 교육과정을 제안한다.
디자인교육에서 디자인기초능력의 강화, 지식과 기술이 통합되는 디자인교육, 디지털미디어의 자유로운 사용, 학문간의 벽을 허무는 무장벽 교육 등 다양한 논의가 진행되고 있다. 또한 직업군이 변화하면서 다양한 진로교육이 필요한 시점이다. 공공디자인 교육도 디자인패러다임에 맞추어 변하고 있으며, 기본적으로는 자연, 인간, 도시의 관계를 새롭게 설정하고 공고디자인과 도시디자인과의 관계를 이해하는 것이 필요하다. 특히 도시문화와 관련하여 디자인교육이 진행되는 것이 필요하다.

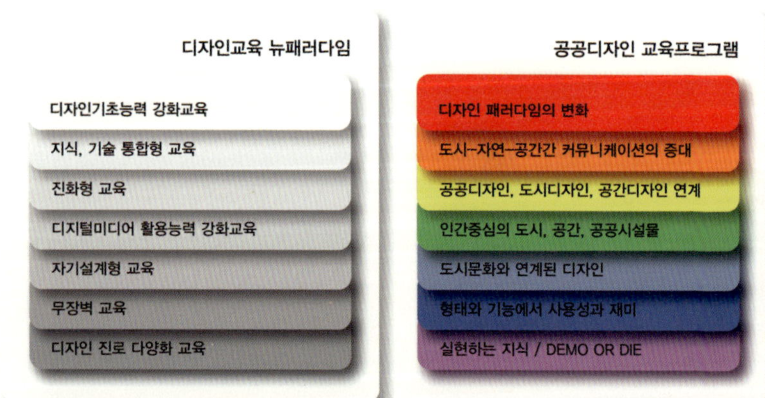

그림 68 디자인교육패러다임과 공공디자인 교육프로그램

일상의 삶을 통한 문제해결 – 진보주의

루소(Rousseau) 등의 자연주의 교육사상의 영향을 받은 19세기 유렵의 신교육운동과 19세기 말엽에 발달한 심리학과 다윈의 진화론은 미국에서 진보주의 교육철학을 탄생시켰다. 존 듀이(John Dewey) 등과 같은 학자로부터 발원한 진보주의(progressivism)는 항존주의에서 보는 역할과 다른 입장을 보이고 있다. 진보주의는 지식이나 진리를 변화하고 있는 실체로 보고 있다. 따라서 학교에서는 일련의 영구적인 진리를 가르칠 것이 아니라 변화하는 조건에 적응할 수 있는 능력을 갖추도록 준비시켜야 한다는 것을 주장한다.

진보주의는 귀납적(歸納的)인 접근이 진보주의 목적에 아주 적합하다고 생각하고 있으며, 학습자에게 일반적인 설명을 제공하지 않고 대신에 그들 자신의 설명을 개발하도록 요구하고 있다. 진보주의자들의 강력한 신념 중의 하나는 학생들이 흥미를 느끼는 과제는 그렇지 못한 과제보다 훨씬 잘 배운다는 것이다. 그러므로 교과과정을 구성할 때에는 학생의 흥미를 최대로 이용하여야 문제해결능력이 향상된다는 것이다.

디자인교육은 기본적으로 문제해결과정이며 일상생활의 경험을 중요시 한다. 특히 공공디자인은 우리의 일상 속에서 접하는 시설물이나 정보를 디자인하는 것으로 생활속에서 문제점을 발견하고, 이에 대한 해결책을 찾는 것이 매우 중요하다.

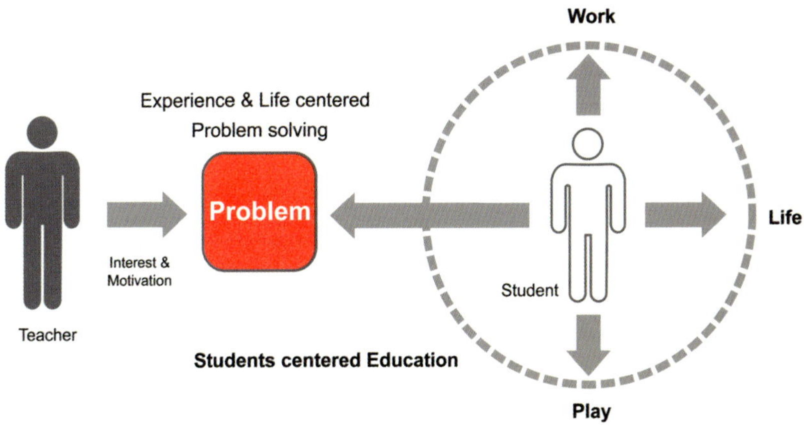

그림 69 진보주의에 대한 연구자의 도식
진보주의는 교내에서의 학습뿐만 아니라 가정, 삶, 놀이를 통하여 문제를 해결하는 과정을 학습하는 것이라고 보았으며 디자인 분야 또한 경험과 삶 중심의 문제해결과정이다.

지식의 구조와 실험을 통한 학문진보 본질주의

본질주의는 1930년대 지나친 개인주의, 자유방임적인 극단적인 진보주의에 대한 반동으로 출현하였다. 본질주의자들에 의하면 교육의 목표는 문화적 가치유산의 전수라는 점에서 항존주의 위치로 회귀하려는 면도 없지 않으나 항존주의와는 상당히 다르다. 본질주의는 지식과 기능의 핵을 중요시하며 이를 모든 학습자에게 가르쳐야 한다는 주장을 한다. 본질주의는 실용적이면서도 실제적인 측면을 강조하기 때문에 놀이나 유희적인 성격이 있는 교과를 배척하는 편이다.

학급에서 교사의 권위, 맹훈련, 훈육을 중요한 가치로 여기며, 본질주의 인간관은 부정적이어서 인간은 근본적으로 선하다고 여기지 않기 때문에 교육받지 않은 아동은 반드시 교육의 힘에 의하여 사회의 재생산적인 일원이 되어야 한다고 주장하고 있다. 본질주의의 목표는 근본적으로 인지능력과 같은 지적 능력의 개발에 있다.

본질주의 교육과정의 대표적인 존재인 베글레이(Bagley)는 아동중심의 교육을 비난하면서 교사는 본질주의적인 원리에 따라서 교육에 임해야 한다고 주장하고 있다.

항존주의와 비슷하게 문화유산의 전승을 강조하고 있지만 현재의 문제해결에 유용한 핵심적인 지식을 중요시 하고 있는 사실은 방법상으로는 항존주의보다는 진보주의에 더 가깝다고 볼 수 있다.

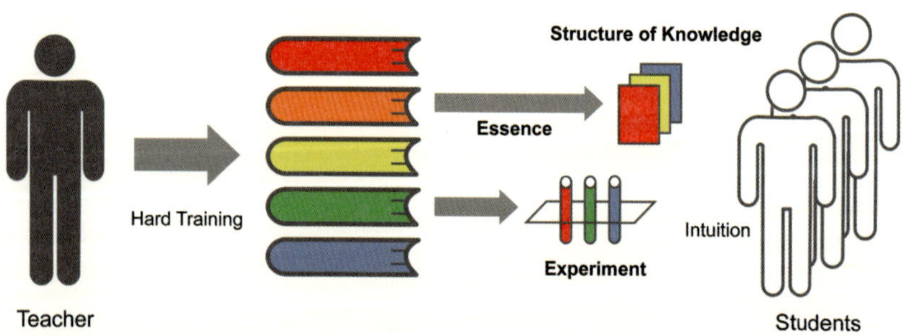

그림 70 본질주의 교육과정에 대한 연구자의 도식
본질주의의 배경에는 지식의 폭증으로 더 이상 지식학습보다는 지식의 구조와 실험에 의한 학습이 중요하다는 것을 강조하고 있으며 디자인은 기본적으로 실험과 사례를 통한 학습이 대부분이다.

인지적구성주의와 사회적구성주의

구성주의는 본시 철학이라기보다는 학습에 관한 연구에 의하여 태동된 것이다. 이러한 학습이론은 근본적으로 피아제(Piaget)의 발생적 인식론과 비고츠키(Vygotsky)의 사회문화적 연구 등에 기초를 두고 있다. 피아제의 이론을 인지적 구성주의, 비고츠키의 이론을 사회적 구성주의로 분류한다. 피아제의 이론에 의하면 인간은 태어날 때 몇 개의 반사적 스키마를 가지고 있으며 그것을 작동하면서 물리적인 환경과 상호작용을 시작한다. 이때 기존의 스키마는 작동하지 않으며, 그것의 개조과정을 거치면서 인지구조가 발달한다.

인지적 구성주의자들은 지식관을 다음과 같이 정리하고 있는데 첫째, 지식은 우리가 우리의 경험세계 속에서 구성하는 것이다. 둘째, 지식은 실재라고 부르는 객관적인 대상물의 표상이 아니다. 따라서 절대적인 진리란 있을 수 없다. 반면에 비고츠키는 질적인 인지구조의 발달은 언어 등과 같은 문화적인 도구(cultural tools)에 의해 가능하다고 주장하고 있으며 사회적 상호작용을 통해서 고차적인 학습이 이루어진다고 주장하였다. 구성주의는 학습자가 학습자에 맞는 지식을 구성하는 작업이며 이는 한 개인의 개성이 존중되는 것처럼 학습자의 학습개성이 존중된다.

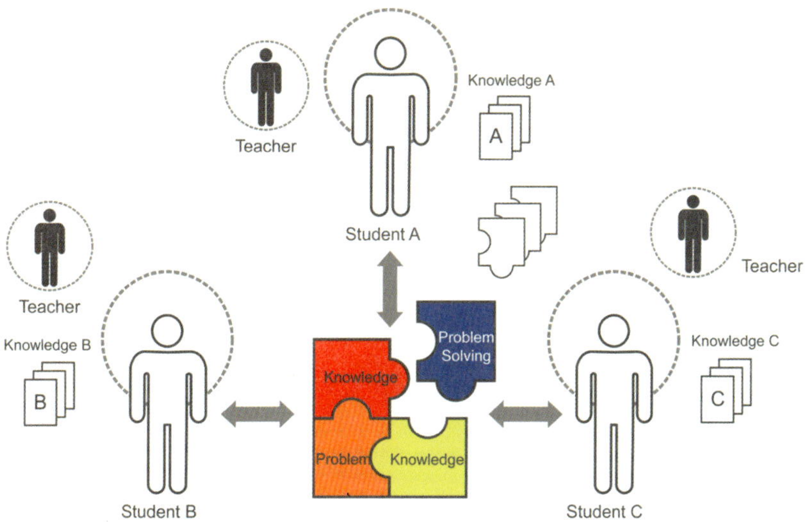

그림 71 구성주의 교육과정에 대한 연구자의 도식
구성주의는 피아제의 인지적 구성주의와 비고츠키의 사회적 구성주의로 구분할 수 있으며 지식이란 학생이 경험을 통하여 구축해 나가는 것이며 학습자마다 다른 것이다.

20. 공공디자인 교육과정

디자인대학의 교육과정을 살펴보면 기초디자인, 디자인이론, 디자인도구과목, 조형과 색채중심의 스튜디오과목, 졸업전 등으로 이루어져 있다. 대부분의 디자인대학에서 공공디자인은 개별적으로 학습하거나 통합적인 스튜디오 과목에서 공공디자인을 소화하는 경우가 대부분이다. 그러나 공공디자인을 통합적이고 원근법적으로 접근하기 위해서는 다음과 같은 조건을 갖추어야 한다.

공공디자인은 기본적으로 관련법으로부터 생성된 프로젝트가 대부분이다. 또한 도시기본계획, 도시디자인기본계획, 경관법 등과 같은 법률에 의해서 정의되는 프로젝트도 많다. 그러므로 공공디자인에서 중요한 점은 공공디자인 프로젝트가 어떻게 생성되며, 어떠한 과정을 거치면서 실행이 되는지 그리고 어떻게 평가가 이루어지는지를 이해하는 것이 필요하다.

대학의 공공디자인 교육에서 보완되어야할 점으로 첫째, 교양과목으로의 공공디자인 강의개설, 둘째, 전공과목을 위한 교육프로그램 및 기자재 확보, 마지막으로 전문화된 분야를 위한 관련법과 제도 등이 포함된 심화교육의 실시를 주장하였는데 이를 좀더 구체적으로 살펴보면 과목의 편성에 있어서 여러 분야의 공공디자인정보를 통합적으로 설명하는 광역형 교과목이 필요하다. 스튜디오를 통한 구성주의적인 교과목인 공공디자인 실기과정으로, 문제해결과정을 통한 공공디자인 교육과정이다. 마지막으로 기초적인 이론을 통한 분과형, 상관형 교과목을 통한 이론의 제공이 필요하다.

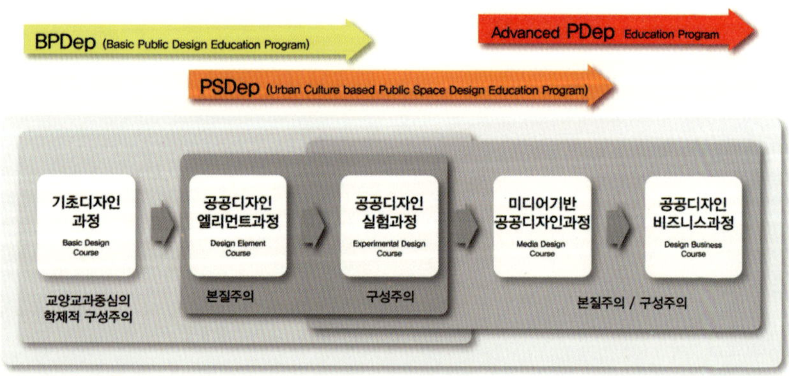

그림 72 도시문화기반의 공공디자인 교육과정
공공디자인 교육과정의 구성은 기초디자인, 공공디자인 엘리먼트, 공공디자인 실험과정, 미디어기반의 공공디자인과정, 공공디자인 비즈니스 과정이다. 교육과정에 따라 교수방법과 과제의 성격이 달라지게 된다.

학문의 독립영역 분과형교과목

개별교과목들을 독립적으로 취급하는 형태가 분과형이다. 이것은 개별교과목의 종적체계는 있어도 교과과목 간의 횡적 연관은 전혀 없는 것을 말한다. 즉 그 자체의 정연한 체계는 가지고 있지만 과목간의 상관은 없다고 볼 수 있다. 분과형 교과목은 전통적인 학문영역에서 학문적 경계가 분명한 시대의 교과목이다. 최근에 생성되는 학문은 기본적으로 분과형 교과목은 존재하지 않는다.

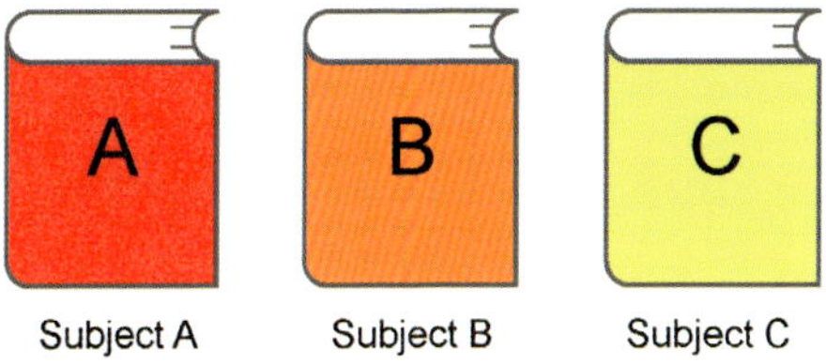

그림 73 분과형 교과목
분과형 교과목은 독립적이고 서로 상관이 없다.

물리적 결합 상관형교과목

상관형은 개별 교과목을 각기 독립된 과목으로 취급하되 두 개 혹은 그 이상의 교과목을 체계적으로 관련시키는 조직 형태이다. 상관형은 내용의 결합에 있어서 물리적인 결합으로 내용이 같이 묶였을 뿐 내용상의 결합이 있는 것은 아니다. 정확하게 물리적으로 합쳐지는 교과목은 없지만 합쳐진 후에도 각각의 교과가 독립성을 유지할 때 상관형교과목이라고 한다. 상관형은 제조공정이나 생산중심의 디자인에서 많이 사용되었던 교과목 형태이다.

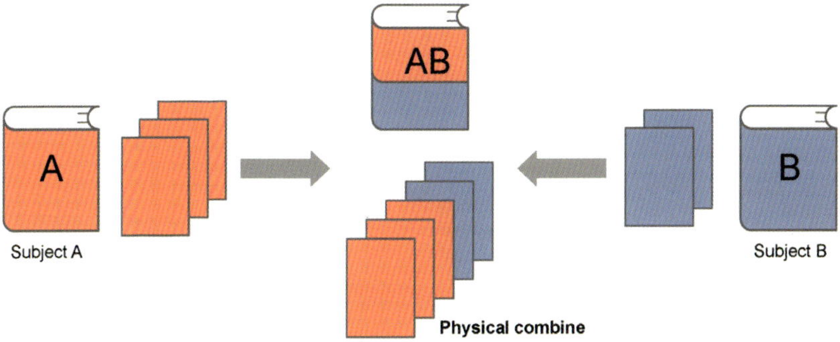

그림 74 상관형 교과목
상관형 교과목은 내용의 결합에 있어서 물리적인 결합이 있는 것을 말한다.

재구성을 통한 재조직 융합형 교과목

융합형 교과목은 두 개 이상의 교과목을 융합한 것이다. 이것은 각 교과목의 성질을 유지하면서 그 사이에 다소 공통요인 즉 내용이나 성질을 추출하여 교과를 재조직하는 것이다. 현대의 교과목은 융합형인 경우가 많다.

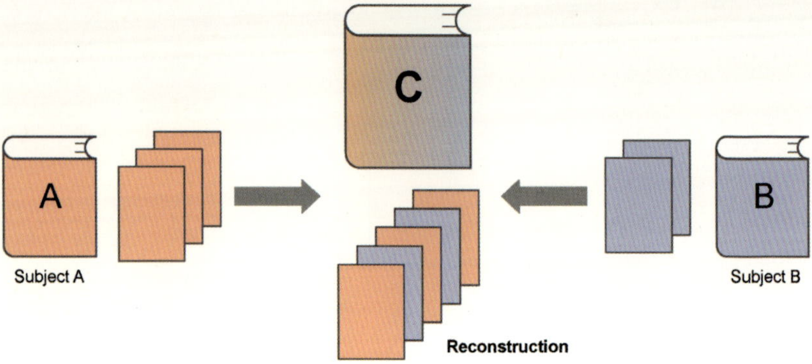

그림 75 융합형 교과목
융합형 교과목은 내용을 구성하는 과정에서 화학적 결합이 일어났으며 재구성을 통하여 내용이 구성되는 것이다.

교과목의 벽을 허무는 광역형 교과목

광역형 교과목은 학습내용을 중심으로 조직하느냐 학습활동을 중심으로 조직하느냐에 따라서 두 가지로 구분된다. 동일 교과영역에 속하는 각 과목들의 구획화를 깨뜨려서 하나의 교과영역 내에 지식을 포괄적으로 조직하려는 형태로서 공공디자인 개론이 이에 속한다. 디자인대학원과정에서 진행하는 많은 수업들이 광역형으로 이루어진다.

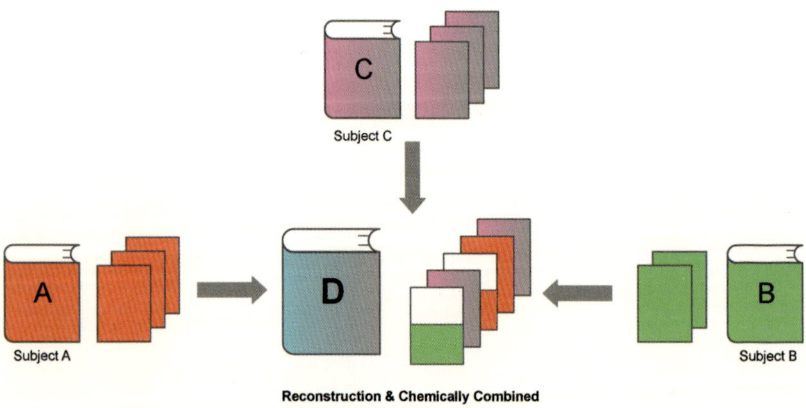

그림 76 광역형 교과목
광역형 교과목은 교과목의 구분을 깨뜨리고 새로운 형태의 교과목을 구성하는 경우를 말한다.

재조직 재구성을 통한 중핵형 교과목

이것은 학생들에게 의미 있는 문제를 중심으로 학습경험을 조직하는 경우이다. 여기서 설정되는 문제영역은 학생들의 흥미와 관심, 그리고 그들의 생활에서 느끼는 문제들이 우선적으로 선택된다.

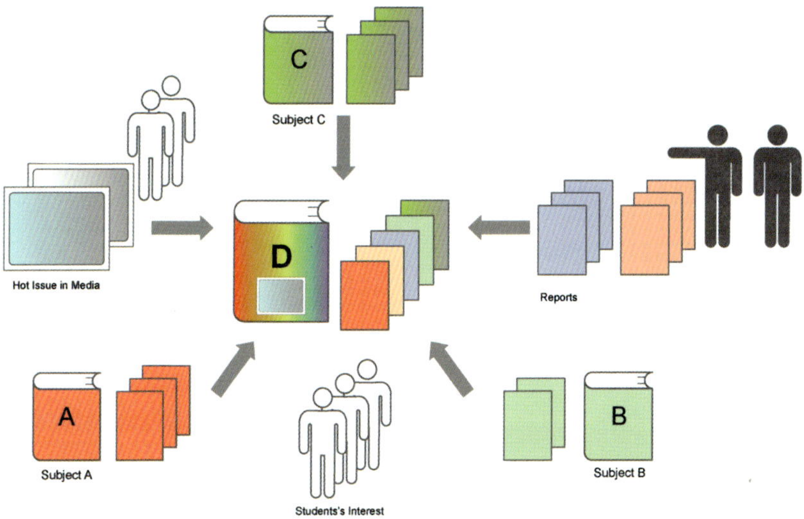

그림 77 중핵형 교과목
중핵형 교과과목은 문제해결을 위한 다학문적인 결합방식을 취한다.

패러다임	특징
항존주의	절대적인 진리추구 교수의 강의나 설명중심의 교육 고전중심의 공통교육과정 대학의 교양과목
진보주의	상대적인 진리추구 교사는 학생들에게 동기부여나 흥미를 일으키는 것이 중요 학생중심의 교육과정: 일, 생활, 경험중심의 문제해결과정 문제해결중심의 교육과정
본질주의	상대적인 진리추구 교수는 맹훈련, 훈육을 중요시 함 학문의 구조학습: 핵심 및 실험을 통한 진리의 습득
구성주의	개인의 인지과정을 통한 지식형성 교사는 산파이며, 도움이, 관찰자의 입장에서 접근 다양한 지식을 인지하는 과정 구성을 통해 지식형성 사회화 과정과 개인화 과정을 통하여 지식을 형성

다학문간 통합방식

학문 간의 통합방식은 새로운 학문을 만들어 내는 원리일 뿐만 아니라 새로운 문제해결을 위한 방법을 제시한다. 학문적 사회적 문제는 하나의 지식으로 해결될 수 없으며 여러 지식의 구조 속에서 해결되는 것이다. 여기는 대표적인 세 가지 방식인 다학문적 통합, 간학문적 통합, 탈학문적 통합에 대해서 알아보도록 하겠다.

다학문적 통합(multidisciplinary)은 흔히 인구, 공해, 범죄, 환경 등과 같은 사회현상이나 자연현상 그리고 인간 생활에서 나타나는 문제 또는 주제와 관련하여 그 해결책을 탐색하는 과정에서 여러 가지 학문이 다양하게 동원됨으로써 이루어지게 된다. 따라서 이것은 어떤 현상, 사상, 문제를 한 측면에서가 아니라 여러 측면에서 접근함으로써 종합적인 해결을 이룩하려는 것이다.

학제간 통합(interdisciplinary)과 같은 간학문화는 당면한 문제의 해결방안을 기존의 학문체계에서 구할 수 없고, 관련된 학문들의 공통된 접합점에서 구할 수 있을 때 여기에서 파생되는 정보, 방법, 개념, 이론을 중심으로 새로운 학문이 형성되는 유형이다. 1960년대 교육과정 개혁운동이 학문 내 통합과 학문간 통합을 촉진시켜서 학문의 본질을 밝히고 그 영역을 확장시켰다.

학문보다는 인간을 중심으로 일어나는 여러 문제를 해결할 수 있는 능력을 길러줌으로써 학습자의 전인적인 발달과 이를 통한 자하실현이라는 목적을 달성하기 위한 탈학문적 통합(transdisciplinary)이 새롭게 전개되고 있다. 탈학문적 통합은 다양한 방식이 있지만 호켈만(Kockelmans)의 견해를 살펴보면 다음과 같은 네가지로 정리된다. 첫째, 학문의 분화현상은 인성에까지 영향을 미쳐서 현대 서구문명의 병폐인 과학으로 인한 인간소외현상을 가져왔다. 둘째, 탈학문화는 철학적 활동을 통하여 세계관의 통합을 회복할 수 있다. 셋째는 탈학문화는 교육기능의 회복을 위하여 필요하다. 넷째, 현대 서구적 삶의 양식은 과학, 특히 자연과학에 의하여 형성되어졌으며, 과학은 현대인의 삶의 중요한 부분이 되었다. 탈학문화는 그 학문에 대한 반성적인 차원과 좀더 인간적이고 새로운 학문을 만들어 낼 수 있는 원동력이 된다.

따라서 공공디자인 분야는 첫째, 그 특징이 도시디자인과 깊은 관계를 가지고 있으므로 다양한 학문적 분야가 협업을 해야 한다는 것이다. 공간디자인, 제품디자인, 시각디자인, 멀티미디어디자인 등 다양한 분야의 현실 가능한 기능을 기반으로 한다. 둘째, 공공디자인 교육은 또한 관련 법률에 대한 이해가 필요하다. 경관법을 비롯하여 국토의 계획 및 이용에 관한 관리법, 광역도시계획, 도시계획, 도시기본계획, 도시관리계획, 지구단위계획, 도시계획시설, 광역시설, 공동구, 서울시 도시계획조례(법령조례) 등 다양한 법률적 지식과 도시계획에 관한 이해가 필요하다. 마지막으로 현대도시에 대한 새로운 패러다임을 읽어내는 것이 중요하다. 도시는 현장에서 이해하는 것이 중요하며 다차원적인 접근이 되어야 좋은 공공디자인을 구현할 수 있는 것이다.

참고문헌

•권영걸, 통합과 소통의 디자인교육, 월간인테리어 110권, 1995

•김남순, 교육행정과 교육경영, 교육과학사, 1999

•신동로, 교육과정 교육평가 탐구, 교육과학사, 1994

•최인규, 역사로 보는 공공디자인, 도서출판가인, 2008

•최인규, 학술진흥재단 보고서 G0005, 2004

•2004 색채교육 콜로키엄 발표자료집, 서울대학교 KDRI, 2004

에필로그 : 공공디자인의 미래

공공디자인은 지속적으로 발전해야 하는 분야이다. 쾌적한 도시는 창의적인 도시인의 삶을 만들어 낼 수 있다. 도시는 역사적으로 꾸준히 발전해왔다. 신석기혁명을 통하여 도시를 건설하였고, 로마와 같은 제국을 통하여 도시모형이 제시되었다. 또한 증기기관을 기본으로 하는 산업혁명에 의해서 대도시가 건설되었다. 정보화혁명에 의해서 편재된 도시, 유비쿼터스 도시, 미디어시티가 건설되고 있다. 도시는 문화, 과학, 예술 등의 패러다임을 골고루 수용하면서 발전하고 있다. 이제 공공디자인의 미래는 분야의 확장만을 의미하는 것은 아니다. 관점의 변화와 새로운 분야의 개발이라는 문제가 남아있다.

미래의 공공디자인은 문화기반이다. 디자인을 비롯한 다양한 조형예술 등이 문화의 범주로 묶이면서 공공디자인에 영향을 줄 것이다. 이제 개인의 만족도 중요하지만 공공의 만족한 삶이 다시 화두에 올려진 것이다. 공공의 삶은 필연적으로 문화를 발생하며, 문화는 그 건전성과 즐거움에 의해 평가를 받을 것이다. 유익한 문화는 번성할 것이고 디자인의 힘으로 세련되어져야 한다.

공공디자인의 미래는 지능화와 미디어의 융합이다. 이제는 물리적 실체가 별로 중요하지 않은 시대가 되었다. 프로그램과 소프트웨어의 중요성이 지속적으로 제기되고 있다. 좋은 컴퓨터를 쓰는 것보다 좋은 운영체제와 어플리케이션을 쓰는 것이 더욱 중요하다. 그리고 다양한 미디어가 융합된 멀티미디어의 시대이다. 다중감각을 요하는 많은 물건들이 디자인 되어야 한다. 또한 미디어프론트(media front)가 발전할 것이다. 최근에도 많은 지능형 미디어프론트가 등장하고 있지만 더욱 지능화되고 감성적이며 편리한 지능형 시설물이 등장할 것이다.

공공디자인의 미래는 생태적으로 건강해야 한다. 자연과 인간친화적인 아닌 디자인은 이미 디자인이 아니다. 디자인은 재료, 공정, 소비, 폐기, 감성적인 부분에서 모두 건강한 상태를 유지하여야 한다. 인간은 공공디자인을 통하여 휴식하고, 일하고, 즐긴다. 그러나 지속적이고 순환적이며 건강하지 않으면 오래 지속하지 못하는 것이다.

공공디자인계획은 도시에 대한 이해를 기반으로 협조자와 조정자가 되어야 한다. 공공디자인은 다양한 사람들이 모여서 다양한 문제를 해결하는 과정이다. 자기 자신의 전문성을 확보하는 것도 중요하지만 다른 사람의 전문성을 이해하고 활용하고 도움을 받아가는 작업이 필요하다.

공공디자인에서 오픈스페이스는 더욱 강화될 것이다. 자연은 인간의 손을 필요로 하지 않는다는 말이 있다. 인공적이면 인공적일수록 도시문제를 만든다. 자연에 대한 태도가 바뀌면서 공공공간으로서의 오픈스페이스는 가장 중요하고 즐거운 장소로 변모할 것이다. 미래 공공디자인에서 새로운 역할을 찾아야 할 대양같은 공간이 오픈스페이스이다.

도시와 공공공간에서 경관의 중요성이 강조되고 있다. 경관은 다양하게 존재한다. 도시경관, 자연경관, 시가지경관, 색채경관, 수경관 등 마치 디자인처럼 모든 단어에 붙여 사용할 수 있다. 또한 경관법이 만들어지면서 경관을 종합적이고 총체적으로 관리할 필요성을 인식하였다. 경관은 하루 아침에 만들어지는 것이 아니며 파리의 경우를 보더라도 수세기에 걸친 노력이 지금의 파리를 만들었다. 루이14세에 계획하였던 파리의 도심 축은 21세기가 된 지금에도 끝나지 않은 계획이다. 경관은 우리의 삶과 비슷해서 매일 반성하고, 내일을 계획하며, 장기적인 목표를 성취해야 가능한 것이다. 경관은 우리의 모습과 같은 것이다.

디자인 펀더멘털(design fundamental)이 더욱 중요해질 것이다. 상징, 색채, 서체, 공간, 경험의 범주를 넘어서는 많은 것들이 정의되어야 한다. 도시는 공간마다 여건과 상황이 다르다. 그렇기 때문에 상황의 변화에 대처할 수 있는 융통성이 있어야 하며, 개인의 창작성을 막지 않는 디자인 기준이 필요한 것이다. 디자인에서는 준비작업이 중요하다. 도시디자인에서는 무엇보다도 많은 상황이 검토된 계획이 중요하다. 이러한 큰 계획의 과정에서는 여러 사람의 논의를 가속화 시킬 수 있는 기초가 무엇보다도 중요하다.

공공디자인이 하나의 분야로 정착하기 위해서는 전방위적인 검토가 필요하다. 교육, 실무, 이론, 사회적 관계 등 다양한 분야의 전문가들에 의한 논의가 필요하다. 도시를 만드는 작업은 완성되지 않은 시나리오를 쓰는 과정이며 디자인 가이드라인과 펀더멘털을 만드는 과정이다.

공공디자인 펀더멘털
The Fundamental of Public Design

2008년 10월 1일 인쇄
2008년 10월 10일 발행

저 자_최인규
발행인_김기현
발행처_시공문화사(Spacetime)
등 록_1993년 3월 12일 제 1-1493호
인 쇄_우성사
제 본_문종문화사
용 지_(주)대림지업사

우 편_120-796
주 소_서울시 서대문구 현저동 200번지 극동빌딩 5층
전 화_02)3147-1212 · 2323
팩 스_02)3147-2626
spacetime@korea.com
www.spacetime.co.kr

ISBN_978-89-5592-109-0

정가 6,800원